写给孩子的网络安全自助指南

英国尤斯伯恩出版公司 编著　　陈召强 译

接力出版社
Publishing House

特别感谢

感谢路易·斯托厄尔在本书文字方面的贡献，

南希·莱斯尼科夫在本书图画与设计方面的贡献，

菲莉希蒂·布鲁克斯在本书编辑方面的帮助，

感谢中国人民公安大学网络安全与执法专家高见对本书内容进行的审订。

桂图登字：20-2021-034

Staying Safe Online
Copyright © 2022 Usborne Publishing Limited.
First published in 2016 by Usborne Publishing Limited, England.

写给孩子的网络安全自助指南 XIE GEI HAIZI DE WANGLUO ANQUAN ZIZHU ZHINAN

图书在版编目（CIP）数据

写给孩子的网络安全自助指南 / 英国尤斯伯恩出版公司编著 ; 陈召强译 . —南宁 : 接力出版社 , 2022.9

ISBN 978-7-5448-7761-9

Ⅰ . ①写… Ⅱ . ①英… ②陈… Ⅲ . ①计算机网络—网络安全—少儿读物 Ⅳ . ① TP393.08-49

中国版本图书馆 CIP 数据核字 (2022) 第 079647 号

责任编辑：朱春艳 周琰冰 美术编辑：王 辉
责任校对：李姝依 责任监印：郝梦皎 版权联络：闫安琪
社长：黄 俭 总编辑：白 冰
出版发行：接力出版社 社址：广西南宁市园湖南路9号 邮编：530022
电话：010-65546561（发行部） 传真：010-65545210（发行部） http://www.jielibj.com
E-mail:jieli@jielibook.com 印制：北京尚唐印刷包装有限公司 开本：880毫米 × 1250毫米 1/32
印张：4.50 字数：70千字 版次：2022年9月第1版 印次：2022年9月第1次印刷
定价：25.00元

前言

互联网可以说是一个神奇的存在。在线上，我们可以玩游戏，看电影，与世界各地的人们交谈，以及观赏很多有关小动物的视频。

但是，就像在线下的日常生活中一样，我们在互联网上也可能会遇到粗俗的、自己讨厌的人。有些人甚至还会利用互联网从事犯罪活动。

本书提供了有关安全上网的各种建议，同时也告诉你该如何应对网络上那些行为不端的人。另外，书中也给出了一些好的上网事例，网络带给我们的并不都是负面影响。

对于互联网上存在的诸多风险，没有必要感到害怕。只要采取一些防范措施，并以谨慎的态度和求知的心态接触互联网，那么对很多人来说，它会成为一个好玩的“游乐场”。

目录

1 网络安全入门 7

2 友谊和社交媒体 21

3 在线礼仪 39

4 线上声誉 49

5 网络霸凌 57

6 创意是谁的 85

7 网络消费 95

8 色情信息和淫秽物品 101

9 警惕图谋不轨的成年人 113

10 寻求帮助 123

11 戒除网瘾 129

给父母、看护人和其他成年人的建议 137

索引 139

当一切都很顺利时，
互联网给我们的就是
这样一种感觉。

网络安全入门

本章将介绍一些网络安全基础知识。但首先……

什么是互联网？

互联网是一个由数十亿台计算机组成的集合，这些计算机通过电缆或空中传输的信号关联在一起。

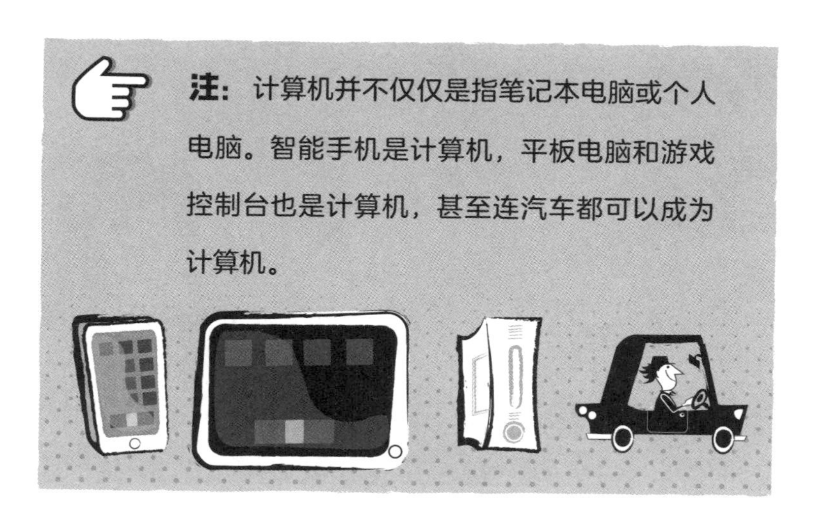

注： 计算机并不仅仅是指笔记本电脑或个人电脑。智能手机是计算机，平板电脑和游戏控制台也是计算机，甚至连汽车都可以成为计算机。

互联网允许计算机（以及计算机用户）分享信息。

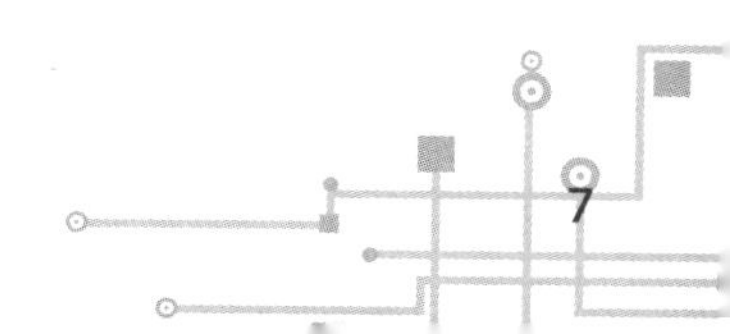

从最基本的层面来讲，互联网主要处理两件事：

> 1. 将我们的信息从我们的设备发送至外部世界；
> 2. 将其他人的信息传送至我们的设备。

只要人们愿意在互联网上互相分享，知识和信息就可以在网络上自由传递，而且随着技术的不断改进，信息交流的速度越来越快，即使相隔万里，人们也可以随时交流。

那么，为什么互联网是危险的呢？

当手机（或其他任何设备）连接到互联网时，你可能会发现自己分享了原本并不想分享的东西，比如自己的账号信息，或者收到了自己根本不想收到的东西，比如病毒或不堪入目的消息。

以下是上网时会遇到的一些风险——

1．网络霸凌：这跟我们生活中常见的霸凌行为是一样的，只不过转到了网上而已。网络霸凌的伤害性和恐怖性丝毫不亚于线下的霸凌行为，而且这还不是我们回家关上门就可以解决的。

本书会在后面部分给出应对网络霸凌行为的建议。

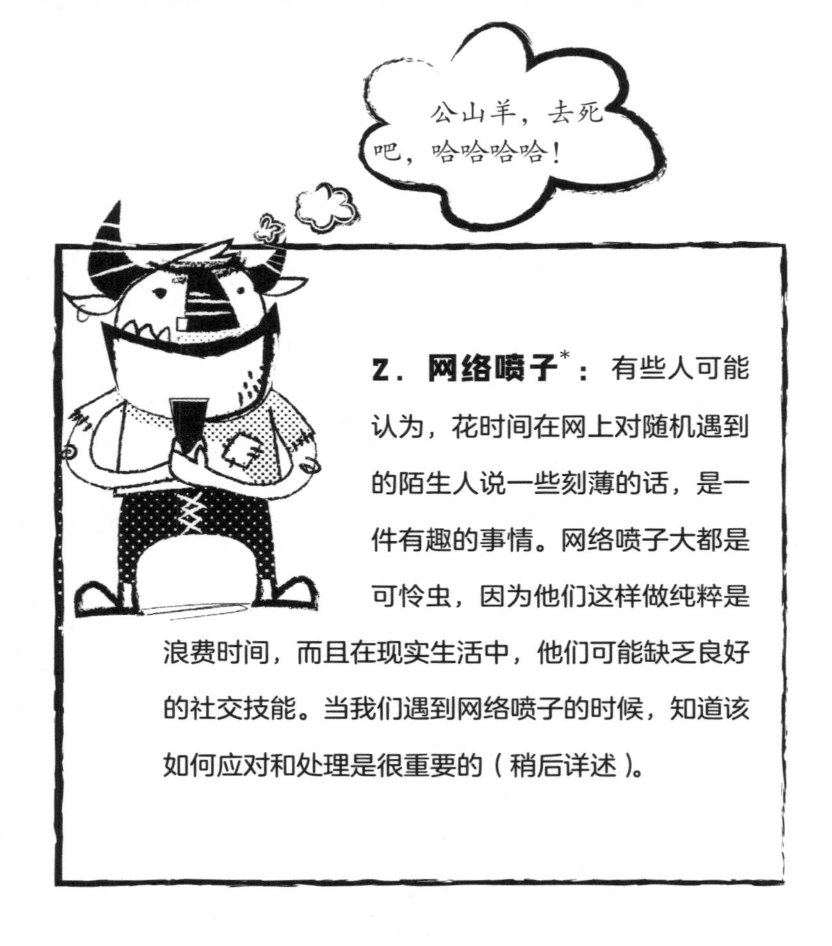

2. 网络喷子*： 有些人可能认为，花时间在网上对随机遇到的陌生人说一些刻薄的话，是一件有趣的事情。网络喷子大都是可怜虫，因为他们这样做纯粹是浪费时间，而且在现实生活中，他们可能缺乏良好的社交技能。当我们遇到网络喷子的时候，知道该如何应对和处理是很重要的（稍后详述）。

3. 账号被入侵： 如果有人获取了我们的账号密码，他们就可以冒充我们的身份，在网上发布一些令人尴尬或让我们陷入麻烦的内容。有时候，当朋友之间发生争吵时，愤怒的一方可能会这样做，完全不会考虑其他人的感受。

*网络喷子指在网络平台上，一些喜欢挑起争端的人，他们常常用恶毒或侮辱性的语言攻击别人，让对方产生愤怒、低落等负面情绪。——本书脚注若无特别说明，均为译者注

4．带有伤害性的文字和图片：有人会把一些令人不快的东西发到网上，比如怂恿别人去伤害他人的暴力图片或煽动仇恨的帖子，再比如一些对成年人来说无伤大雅却不适合儿童看的图片和视频等。在第八章和第九章中，本书会给出如何避免此类事情发生的建议。

5．病毒：病毒是专门用来“感染”我们的计算机并改变其运行方式的计算机程序。它会导致我们的手机、平板电脑或笔记本电脑无法正常工作，甚至可能会导致我们不得不买一台新设备，还可能失去所有的图片和联系人。病毒也会被用来窃取信息，比如银行账户的详细资料等。所以，与病毒相关的消息基本都是坏消息。

6．犯罪活动： 更糟糕的是，总有一些人会利用互联网来窃取信息或从事其他更严重的犯罪活动。在这些犯罪分子中，有一些是黑客，他们拥有丰富的计算机知识，可以在未经准许的情况下通过互联网非法侵入我们的设备。

小心，黑客！

黑客指的是利用系统安全漏洞对网络进行攻击、破坏或窃取资料的人。他们通过口令入侵、植入木马、黑客软件攻击等手段偷偷侵入别人的电脑，利用自己掌握的技能，获取个人、企业或政府不想披露的信息，并公之于众。本书在后面会告诉你一些有效的措施，以防范黑客的攻击。

基础安全建议

从理论上讲，即便你知道网上存在危险，也很容易会产生一种虚假的安全感。这是因为手机就装在我们的口袋里，给人感觉是一件非常私密的物品。然而，一旦手机连上网络之后，就好像口袋里有了一扇通向世界的大门。

以下是一些简单易行的方法，可以确保这扇门处于值守状态，进而保证我们的安全。

设置“强”密码

要想避免黑客和其他人偷偷侵入我们的网络账号，方法之一就是设置一个非常难猜的密码。

最糟糕的密码无疑是那些可以预测的密码，比如你的名字拼音和生日数字等。最佳密码当属那些由字母、数字和符号随机组合而成的密码。

安全的密码通常也存在一个问题，那就是很难记住。

显然，我们需要记住密码才能登录账号。在牢记密码方面，使用密码管理器——创建和保存密码的计算机程序——可以说是一个很好的方法。就防范黑客而言，没有哪个网站可以做到万无一失，但相比之下，密码管理器网站的安全性高于其他大多数网站。

小贴士：输入密码时要注意遮蔽，千万不要让人看到。

秘密代码

如果不想使用密码管理器，你可以发明一种代码，用来帮助设置其他人难以猜中但你自己却很容易记住的密码。比如——

- 将你正在使用的网站或应用程序的首字母大写。
- 加上你生日的数字之和。
- 加上一个符号（除“!”之外的其他任何符号，因为该符号在密码中使用较多）。
- 最后，把你正在使用的网站或应用程序的后三个字母倒序排列，并且小写，再与上面的内容组合在一起。

或者你也可以创建自己的代码。但无论如何都不要把密码写在本子或纸上，因为它们很容易遗失。不同的账号尽量不要重复使用同一密码，因为那样的话，一旦有人掌握了你一个账号的密码，他们就可以登录你的其他账号。

额外的安全保障

通过所谓的“双重验证”，我们可以提升网络账号，比如电子邮件和社交网站账号等的安全性。这意味着当我们在一个陌生的地方——比如朋友的笔记本电脑——登录网站时，需要多经过一个验证步骤，即输入手机上收到的验证码，然后才能登录。

点击你所使用的网站或应用程序的“帮助”页面，键入“双重验证”，看如何设置这一安全保障。

避免病毒感染

无论是手机、平板电脑、笔记本电脑，还是其他可联网的设备，都要下载和安装杀毒软件，这一点很重要。这可能需要花一笔钱，所以要事先跟父母讲一下。通常来说，我们可以购买一套可安装到我们所有设备上的杀毒软件。

除了杀毒软件之外，要避免下载其他一些东西。如同点击电子邮件中的链接一样，下载视频、图片或音乐也可能会感染病毒。

备份和更新

如果手机或电脑出现故障，为确保我们的照片、学校作业和其他文件的安全，对数据进行备份非常重要。备份的方法有两种：一是利用“云计算”（一种涉及大量计算机的共享存储形式）进行备份；二是借助移动硬盘进行备份。对于手机或电脑设置中出现的任何安全更新文件，都要下载和安装，这一点也非常重要。

跟杀毒软件一样，下载安全更新文件也有助于我们抵御病毒入侵。

安全基础知识：小测验

1. 以下哪个是上网时的常见风险?

a. 阑尾炎穿孔

b. 网络霸凌

c. 赛博人

d. 鸭子攻击

2. 以下哪一个是“强”密码?

a. 你的生日

b. 你的名字

c. 字母、符号和数字的混搭

d. “password”（密码）这个单词

3. 为什么要对数据进行备份和更新?

a. 因为这样一来，在计算机出现故障的时候，照片和其他文件就不会丢失

b. 为了让手机电池续航更久

c. 为了防止生锈

d. 因为这样做非常有趣

4. 网络喷子是……

a. 公山羊的天敌

b. 在网上骂脏话的人

c. 一种鱼

d. 瑞典店铺中售卖的一种自组装家具

5. 什么是“双重验证”？

a.18 世纪的一种舞蹈

b. 黑客用来侵入政府部门计算机的某种工具

c. 未成年人用以进出俱乐部的虚假身份证明

d. 确保账号更安全的一种登录程序

6. 收到陌生人发来的一封邮件，上面说你中了一大笔奖金。你应该……

a. 删掉，这可能是垃圾邮件

b. 第一时间回复，并提供详细的银行账户信息

c. 转发给所有的朋友

d. 点击电子邮件中的链接。钱！哇！

答案：1. b；2. c；3. a；4. b；5. d；6. a

如果你错了不止一道题，请重新阅读本章——认真阅读。

如果这些警告和安全建议让你觉得互联网是一个黑暗的地方，那么我们现在就来讲一讲它好的一面。在每章的结尾部分，你会发现这些好处。

爱上互联网的原因一：
它是免费的

没错，购买手机或联网是需要花钱的，但除此之外，在使用网络的过程中一般无须再支付其他费用。

万维网*的发明者——英国人蒂姆·伯纳斯·李（Tim Berners Lee）最初创建这一网络，是为了方便科学家分享他们的实验信息。他没有就这项发明向任何人要过任何钱：这是他送给这个世界的礼物。

爱你们的
蒂姆

网络

*万维网是互联网中允许人们访问网站的那个部分。

友谊和社交媒体

在使用社交媒体时，很容易出现信息过度分享的问题，过后我们可能会为此感到后悔。本章将会给出一系列建议，告诉你该如何控制你要分享的信息以及分享的范围。

人们常常谈起“现实生活”，就好像它与网络生活是分开的一样。但如果某个人在网上对我们说一些刻薄的话，这给我们造成的伤害，其实丝毫不亚于当面跟我们说这些话。相反，如果网络上某个人是善良的，是支持我们的，我们同样会感受到温暖的力量，同时我们也知道自己在网上是有朋友的。我们发在网上的文字和图片都很重要，它们会对我们的生活乃至其他人的生活产生重大影响——既有好的影响也有不好的影响。

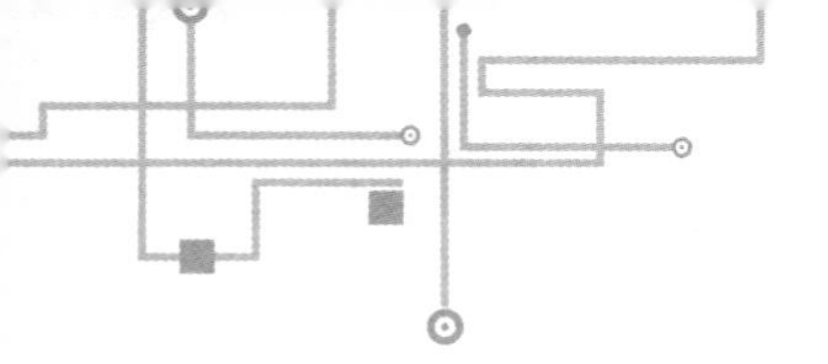

什么是社交媒体？

允许我们同朋友（以及陌生人）分享照片、视频或短信息的网站和应用程序，通常被称为社交媒体或社交网络。QQ、微博和微信等网络平台都属于社交媒体。另外，具有聊天功能的在线游戏也是一种社交媒体。

秘密身份

在社交媒体网站，我们发布的帖子是公开的，你不必加别人为好友，不必使用真实姓名，也没有必要给出个人信息，比如居住地或生日等。（如果网站需要知道我们的年龄，可以填写正确的出生年月，至于出生日，则可以随便填。）

在大多数网站，我们需要取一个用户名。以下是几条取名建议，既不会让你泄露过多信息，又能反映出你的个性。

我应该叫美少女战士波特，艾芙琳奶酪点心，还是达斯·瑞普利？

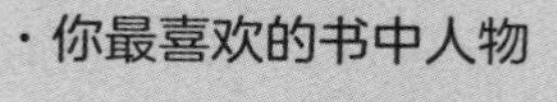

- 你最喜欢的书中人物
- 一个完全杜撰但你觉得很有趣的词
- 电脑游戏中的某个人物
- 依照你和朋友私底下的玩笑取一个名字

对谁可见？

大多数社交网络都会为我们提供不同的选项，让我们决定谁可以看到我们分享的内容，比如“仅好友可见”。如果心存疑虑，就选择最高等级的隐私设置吧。

有时候，这方面的提示信息并不是很明显，你可以点击所使用网站或应用程序的“设置”页面，或通过浏览器搜索“如何设置隐私权限”，按照相关信息进行设置。

有一点要牢记在心：在网络上，你的好友可能不会像你那么小心谨慎。所以，当你在其他人的页面下或留言板上发布东西时，他们的设置可能意味着你的帖子的内容对很多人是可见的——尽管你个人的隐私权限设置得很高。

隐私设置建议

通常而言，如果未采取任何措施，那么我们在社交网络的隐私权限设置可能不会很安全。一般情况下，默认设置或自动设置意味着我们发布的内容是公开的。

发布什么内容是安全的？

有些东西是永远都不应该发布的。这其中有一些是非常明显的，比如手机号码、家庭住址、银行账户详细信息，以及家中备用钥匙的存放地等。

然而，有些东西并不那么明确。比如，你刚刚赢得了一场足球比赛，然后顺手把这条信息发布到了网上，但你未曾意识到的是，这可能会透露你的学校信息或家庭住址信息。

刚刚赢了一场比赛，正在回家的路上。好在走路只需要5分钟。累死我了！

尽量不要发布这样的信息，有的人可能会据此轻松绘出你的生活“地图”，进而猜出你每天的行程。虽然你不太可能因此而被某个国际犯罪团伙绑架，但保证安全总比留有遗憾好。切记不要泄露你的住址信息。

关于位置……

在发布有关你家房子或你所在学校的照片时，一定不要给出详细信息，比如你的居住地址以及打发时间的场所等。此外，你还需要对网站进行仔细检查，确保所发布内容不会自动附加地址标签。

隐私设置建议

你可以在手机设置中关闭“定位服务”选项，这样一来，你的位置信息就不会泄露了。对手机上安装的应用程序而言，你可能也需要照此逐一设置。

只添加现实生活中的好友

在可以添加他人为好友的网站上，尽量只接受你在现实生活中认识的人的好友申请，而对于好友的好友，则不要接受，因为他们在现实生活中可能并不认识。添加他人为好友后，通常意味着他们可以看到你的照片和你发布的帖子——这有点像你邀请他们到你家来参观一样。不要担心自己会给人一种粗鲁的感觉。如果有陌生人给你发送好友请求，你完全可以无视，以确保自身安全。

质量，而非数量

在社交媒体上，有时候你会觉得别人的好友或关注者都比你多。但你即便跟 100 万人建立了联系，实际上却只跟他们中的 10 个人有交流，那又有什么意义呢？认真想一想，你到底希望跟谁分享东西，然后只添加他们。在社交媒体上建立太多联系，会让人觉得这是一件苦差事，而不是一件充满乐趣的事。

我真的想分享它吗?

有些东西，我们刚一发布可能就后悔了；当然，也可能是几周或几年之后才后悔。所以，在发布内容之前，一定要三思而行。问问自己……

- 我介意我的奶奶、最好的朋友或最坏的敌人看到它吗?（网上的东西传播起来，远比我们想象的要远。）
- 我写的是别人的事情，如果当着他们的面，我也会说这些吗?（同上。）
- 假如我出名了，而我发布的这个帖子再次浮出水面，成为新闻，我会做何感想?
- 事后我是否会为自己发布的这个帖子感到忧虑?如果是的话，是否值得忧虑?

首相，你对你那次吃蜡笔的事有何评论?

真希望我从没发过小时候的那张照片。

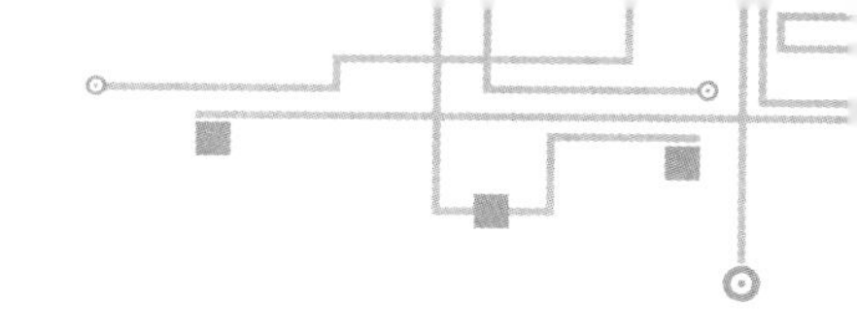

伪科学和其他谎言

在很多网站，我们可以分享其他人的帖子。帮助别人分享他们的思想是一件非常好的事。但是，凡事都有例外，比如我们转发的帖子内容是凭空捏造、完全背离“事实”的，或者它是关于某个人的谣言的。

我们可以通过自己的力量让网络世界变得更美好，那就是不转发这类帖子。

你知道吗？
在手上擦柠檬汁可以
治愈癌症！

互联网上充斥着各种治疗疾病的虚假秘方。传播这样的伪科学会让我们这个世界变得愚蠢，而且还会给重症患者不切实际的希望。

不要相信自欺欺人的炫耀

跟朋友在网上聊天是一件很棒的事。但有一点一定要牢记在心，否则即便是最好的朋友也会让你感到不快：

人们并不总像他们在网上说的那样，是快乐的、受欢迎的或成功的。

天哪！累惨了，昨晚的派对太棒了，真想不到现在还这么受欢迎。

虽然人们也会在网上抱怨，谈论他们生活中不好的一面，但通常而言，人们都会对自己的话语加以修饰，对外展现光鲜的一面。他们发布煽情的照片，谈论即将参加的派对……或者他们可能会以一种实际上更像是炫耀的方式抱怨。

所以，为了自己的心理健康，切记一点，那就是别人并不是在任何时候都会告诉你所有事实。如果你看到了一些让自己感到不快的事情，比如你未被邀请参加的聚会的照片，要记住这些照片并不能说明全部真相，实际上他们可能……

真的很无聊，宁愿待在家里。
刚刚在电话里跟父母起争执，以后晚上就不让外出了。
担心刚刚说了蠢话。

反社交网络

社交媒体的另一个陷阱是，它会诱使我们花太多时间谈论我们正在做的事情，以至于无法享受当下时光。有时候，最好是把手机收起来，与其捕捉当下时光，倒不如享受这一时刻。

需要思考的问题

对于任何免费的社交网络，我们都要问一问自己：运营它的公司从中得到了什么？如果一项服务是免费的，那么我们可能就是它的产品。也就是说，这家公司可能会贩卖我们的信息或铺天盖地地向我们推送广告。

在互联网上，没有人知道你是一条狗

有一幅流传很久的漫画，画上有一条狗坐在电脑旁，下面写着：在互联网上，没有人知道你是一条狗。

犬科动物确实不会在线聊天，但在互联网上，我们可以假扮其他人，这一点倒是真的。

有时候在网络上，角色扮演是整个要旨所在。比如，在网络游戏中，我们可能会扮演小精灵、机器人、士兵或其他任何游戏角色。

在现实生活中，我是一名学生。在互联网上，我是一个等级为十级的机甲巫师，可以发射闪电。

然而，有时候人们伪造身份是为了伤害别人。恃强凌弱者以及那些想伤害孩子的成年人有时会这样做。

对那些想伤害孩子的成年人来说，在网上假扮儿童或青少年，意味着他们将更有机会获取孩子的个人信息。（在第九章中，我们还将进一步讲述这方面的内容，并告诉你如何保护自己，避免受到这种坏人的伤害。）

防范这类冒充者的最佳方法，其实非常简单……

千万不要在网上泄露自己的
个人信息。

即便你确定正在和你聊天的是你的好朋友，把你的住址或手机号码等个人信息发出来也不是明智的做法。

线下见面

在网上遇到的人中，有一些会约你线下见面。这是非常危险的。如果有人向你提出这样的要求，要跟父母或看护人讲。

有时候，你可以跟你信任的成年人一起去，见面地点选在公共场所，这就没有问题。不过，在大多数情况下，如果有人约你线下见面，最好还是拒绝。

屏蔽和举报

如果有人在社交网络上对你说一些不合适的话，或者以任何方式骚扰你，你可以选择屏蔽和举报他们。大多数社交媒体网站和应用程序都设有这样的功能。此外，你还要把这件事情告诉你信任的成年人。如果你觉得身边没有可交流的合适人选，也可以通过网站和救助热线寻求建议。

（第五章将详细讲述如何对付网络喷子和网络霸凌。第九章将会告诉你如何应对在网上可能遇到的心怀歹意的成年人。）

网络社交十大安全建议

1.

不要把密码告诉任何人，即便是朋友也不行。

2.

对于设有年龄限制的网站，如果年龄不到，不要注册。

3.

在使用其他设备之前，一定要退出你在当前设备的社交网络账号。

4.

发布内容时一定要谨慎。

5.

如果看到了令人担忧或沮丧的内容，告诉一个值得信任的成年人。

6\. 定期检查隐私设置。有时候，在我们没有意识到的情况下，网站可能更改了自动设置。

7\. 在陌生人可以和你聊天的网站上，不要透露你的真实姓名。

8\. 不要接受陌生人发来的好友请求，也不要接受朋友的朋友发来的好友请求。

9\. 不要发布位置，也不要发布暗示位置的信息。

10\. 不要公布你的个人信息，比如手机号码或家庭住址。

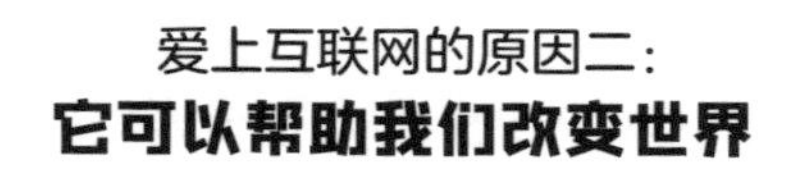

爱上互联网的原因二：

它可以帮助我们改变世界

有时候，素不相识的人在互联网上相遇，可能会带来意想不到的奇迹。

例如，英国一名女子利用在线筹款网站募集了超过 30 万英镑（约合人民币 250万元）的资金，帮助一名遭遇过抢劫的老人购买了新的住房，因为他不敢再回原来的住处了。

无论是分享一张走失的小狗的照片，让看到这只小狗的人可以告诉它的主人，还是参加拯救当地图书馆的活动等，我们都可以利用社交网络去帮助别人，让生活变得更加美好。

在线礼仪 3

互联网上有很多讨厌鬼——从窃取他人的创意归功于自己的人，到种族主义者、性别歧视者，以及其他种种可怕的人，不一而足。另外，在网上，人们的粗鲁和刻薄也有更微妙的表现方式。

在网上做个好人和在现实生活中做个好人并没有什么不同。但当你跟一个使用卡通形象作为头像的匿名用户打字交流时，很容易忘记对方也是一个有情感的人。

每一个头像背后都有一个真实的人。

让互联网造福每一个人

除了不违法之外，目前还没有成文的网上行为规范。虽然有的网站制定了自己的规则，但没有人掌管整个互联网。

就网上如何与他人沟通而言，本章给出的只是一些建议。至于什么样的事情会惹恼你，或许你有自己的看法，把它们也添加到“不要做”的清单中。

你会当面跟别人说这样的话吗？

有些话可不可以在网上说，一个很好的评判标准就是：如果当着一个人的面，你会不会说这样的话。当我们同一个自己看不到的人对话时，我们可能会更加无所顾忌，说一些难听的话。而在现实生活中，我们是不会当着对方的面说这样的话的。

要时刻牢记，我们是在跟一个人交谈。

不要针对个人

批评和争论是没有问题的，但前提是，不要针对个人。你可以批评一个人所说的话，但不要进行人身攻击。

我不同意你说的话。

你一脸蠢相，满身酸臭。

如果有人就他们发布的东西寻求你的看法，比如他们的照片或绘画作品等，你一定要注意措辞。

有的人可能会让你提供中肯的反馈，但他们又可能比较敏感。这时，对于所评价的事物，尽量从正反两方面讲，即便内心深处你是厌恶的。

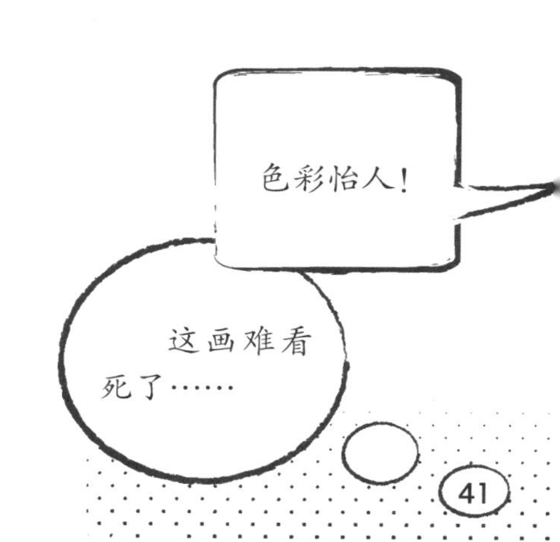

你不必随大溜

如果有很多人同时在批评某个人，因为这个人对另外一个人说了一些粗鲁的话，那么你没有必要再火上浇油。

试想一下，如果一大群人攻击你，你可能会完全崩溃。即便不是所有评论都充斥着戾气，但只有几十条这样的评论，你可能也难以承受。

这只不过是一条愚蠢的评论，请大家不要再攻击了好吗？

当事情出了差错

有时候，我们会说一些出格的话，即便我们内心并没有恶意。这种情况下要直接道歉，如果可能的话，删掉已发布的内容。（并不是所有网站都允许我们删掉自己的帖子，所以有时候道歉是必须的。）

“小点声”

在网上，如果你键入的单词字母全是大写，则会给人一种喊叫的感觉。当然，如果你说，“OMG, CUTE PUPPIES!”（天哪，狗狗太可爱了！）那没问题，但在很多情况下，单词字母全部大写会被认为是一种攻击。

紧扣话题

不要乱发信息。也就是说，不要发布不相关的内容，也不要一次又一次地发布相同的内容。这样做是非常烦人的，在某些网站，甚至可能会因此而被禁言。

还有很重要的一点，如果有人正饶有兴致地讨论某件事，不要认为自己有权介入其中并改变话题。

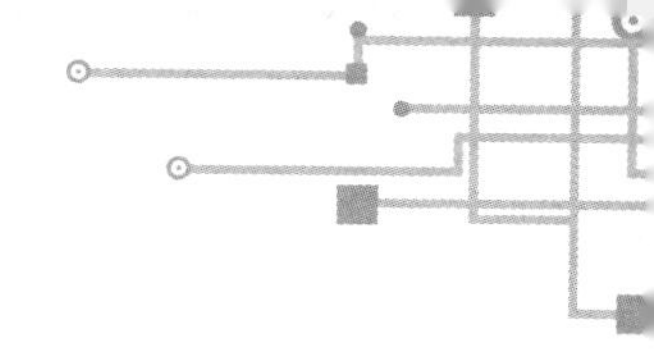

获得许可

你有没有一张照片，朋友在上面看起来傻傻的？在发布这张照片时，尽量事先征得该朋友的同意。发布任何与其他人相关的东西，最好先问一问他们是否愿意。当然，他们发你的照片，也应该征得你的同意。

@goofyparents
我们可爱的儿子1岁了。

嘘，别剧透！

有时候，人们不想看某些特定的话题，或者不想知道某些碎片信息。比如，如果你正在谈论一部新的电视剧，在讲述某一集的剧情之前，最好先输入“剧透警告”（spoiler warning）这样的提示语。（剧透是指某人泄露了你原本希望给你带来惊喜的故事情节。）

触发警告

有的人在写那些令人痛苦的话题时，比如涉及暴力或心理健康的问题等，会使用“触发警告”（trigger warning）这个短语。这样一来，别人就不会误打误撞，看到那些让他们感到心情低落的内容了。

之所以被称为“触发警告”，是因为阅读某些特定的内容会触发一种非常强烈的反应，对阅读者来说，这种反应是痛苦和有害的。使用这样的警告语可以帮助他人安全地畅游网络，而当你看到它们时，你可以先考虑一下，确定这样的内容会不会让你感到不适。

不要盲从他人

如果有人在网上发布一些残忍的或极具冒犯性的东西，不要散布。即便你分享是为了表达自己的厌恶之情，对发布人来说，也可能会产生一种变相鼓励的效果。另外，转发这样的帖子，也可能会让其他看到该内容的人感到不适。

再三检查

在发布内容之前，一定要三思而后行。仔细阅读你准备发布到网上的内容。你真的想分享它吗？

最后……

不要冷落现实生活中和你在一起的人。人们很容易沉迷于网络生活，但在商店付款时编发信息或在家庭活动中不断更新状态，都是不礼貌的表现。

你多了一个小妹妹。
嘘！我正在看视频呢，山羊追奶牛！

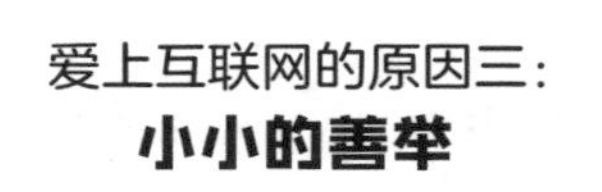

通过在网上释放善意，我们可以让其他人的脸上绽放笑容，即便是素未谋面的人。

在接下来的一个星期里，每次上网时都尝试着说一些充满善意的话。（你可能早就已经在做了，但有目的性地去做这件事，真的会给你带来好心情。）这很容易做到，比如感谢发布帖子的人或赞美他们等。

线上声誉

你有没有在搜索引擎上搜索过自己的名字？

如果你的名字比较常见，比如“李雷”，那么你可能会发现其他同名同姓者的很多信息。

但也有可能看到各种关于你的信息——从博客帖子到照片，不一而足，甚至还包括你在校报上发表的文章等。

我们发布在网上的内容（以及其他人发布的关于我们的内容）树立了我们的线上声誉。在发布帖子时持小心谨慎的态度有助于我们建立更好的线上声誉。

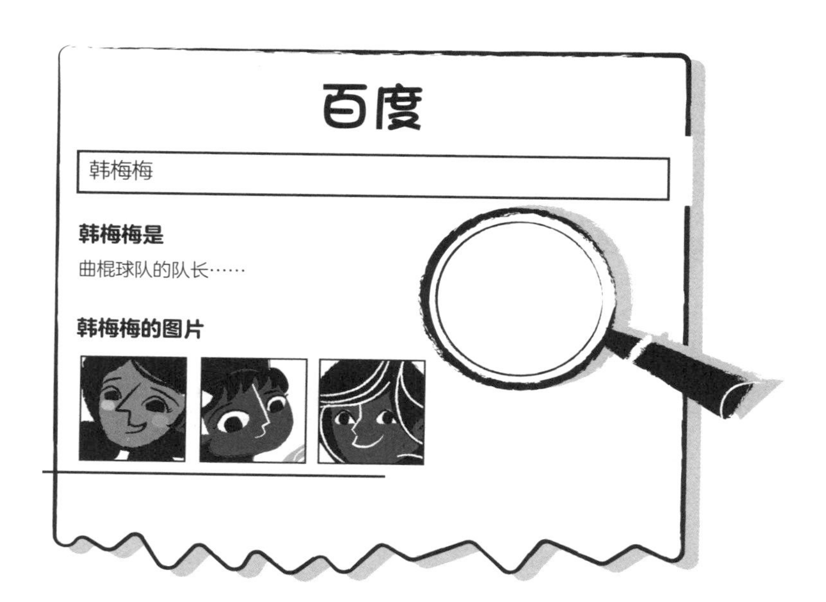

错误如影随形

如果你发布了令人尴尬的照片、视频，或者说了让自己感到后悔的话，那么你可以发布一些希望人们看到的新内容，把原来的帖子挤到后面去。如果有人发布了一些关于你的不实消息，这些消息是可以从网络搜索中删除的（但并不是从互联网上删除）。

当然，我们个人可能无法要求网络平台删除那些不实消息，但你可以在父母或老师的帮助下向中央网络安全和信息化委员会办公室（以下简称中央网信办）违法和不良信息举报中心举报，由他们要求平台删帖。

数字足迹

在互联网上，我们可能会访问很多网站，并在很多不同的地方发布内容。我们在所有这些地方发布的所有内容构成了我们的“数字足迹”。

这就好比我们在一点点讲述一个关于自己的散漫的故事。

称雄世界过程中的小障碍

我们以后找工作时，人们可能会在网上搜索我们的名字，之前发布的帖子可能会成为我们求职被拒的原因。

与此同时，我们的朋友、老师、父母或看护人可能会看到一些实际上我们并不希望他们看到的东西。互联网看起来像是一个吐露心声的私密场所，实则不然。甚至有些犯罪分子因为在网上吹嘘自己的罪行而被逮捕！

让互联网充满善意

就建立良好的线上声誉而言，我们要做的并不仅仅是避免说错话，还要积极行动起来，尽量发布一些优质的内容，比如让人发笑的图片、鼓励朋友的话，以及书评和影评等。此外，发布的优质内容越多，人们看到我们早前在网上所犯的错误的可能性就越小。

不可分享的内容

在网上，我们也要考虑其他人的声誉。如果你写了一些关于别人的无礼信息或不实信息，或是发布了有关他们的令人尴尬的图片，那就相当于剥夺了他们管理自己线上声誉的能力。这不是我们应该做的，而且这样做也不公平。

处理旧账号

如果你已经停用了某个社交媒体网站的账号，要尽可能地删除或隐匿你的个人资料和信息。如果有些内容已经不代表你当下的状态，被人挖出来可能会让你感到尴尬。

比如，你可能想关闭你小时候用过的账号。

“另我”也拥有声誉

在那些我们不用真名发布帖子的网站上，声誉也很重要。如果我们为“另一个自己”建立起了良好的声誉，那么我们会更享受上网的时刻，别人也会很高兴在网上看到我们。再者，如果有人把真实的我们同这个“另我”联系到一起，那也没有什么大不了的。

以自我为中心还是侧重分享?

如果我们发布的所有帖子都是关于自己的，比如我们灿烂的脸庞，这会给人一种过于以自我为中心的印象。但如果我们也时常分享其他人的事情，谈论更有趣的内容，那么相比于时时刻刻都围着自己转的那种孤芳自赏，我们可能会收到更多积极的反馈。

沉默是金

维护线上声誉的最佳方式之一是尽可能什么都不说。我们没有必要去评论每一张照片或介入每一场争论。在网上，不参与戏剧化事件的辩论并没有什么不好。这样做不仅可以给人留下更好的印象，还可以大大减轻自身所承受的压力。

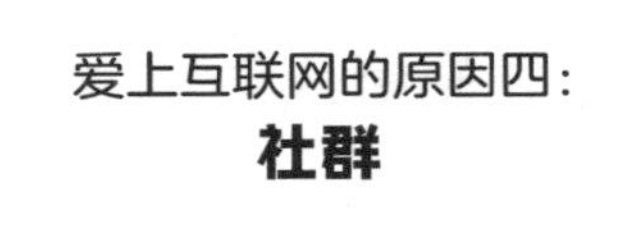

爱上互联网的原因四：
社群

如果你觉得自己的爱好过于小众，或者觉得自己并不是很合群，那么几乎可以肯定地讲，互联网上有着和你一样的人。

网络霸凌

互联网上充斥着各种戏剧化事件，在这些事件中，你可能会发现别人对你很粗鲁。然而线上的这种龌龊还会升级，演变成更恶劣和更残忍的网络霸凌行为。

如果你是网络霸凌的受害者，无论是在游戏中还是在社交媒体上，或是被人以发信息的方式欺侮，你都将承受巨大的痛苦。但你并不孤单。很多人身边都有遭受过霸凌的人，对当事者来说，无论发生在什么时候，这都是非常可怕的。了解什么是网络霸凌，人们为什么这么做，以及接下来该怎么办，将有助于你应对此类行为。

非常重要的一点：在网络上遭到霸凌时，要记住这从来都不是你的错。

什么是网络霸凌？

网络霸凌可以表现为多种形式，而所有这些形式都是丑恶的。网络霸凌涉及……

· 在应用程序中发送下流的或带有威胁性质的短信息、电子邮件或其他信息。

· 在网上发布带有羞辱性质的视频。

· 创建虚假的社交媒体资料，用以取笑他人或骗取他们的个人信息。

· 在未经他人允许的情况下，发布或转发他们的个人信息或图片。

· 在游戏网站上辱骂其他用户。

· 在其他人发布的粗鲁或辱骂的帖子下面煽动论战，或者在其他人的主页留下不当言论。

· 向其他人发送带有骚扰性质的色情图片或色情评论。

创造性既可以用来做好事，也可以用来做坏事，遗憾的是，网络霸凌者总能想出各种新方法来制造令人恐惧的事件。

除清单上所列的行为之外，你或你的朋友也可能经历过其他形式的网络霸凌。如果你觉得别人对待你的方式是错误的，那么不要忽视，你可以立即采取行动，阻止它朝着更糟糕的方向发展，或者至少你的心里会好受一点儿。

扼杀在萌芽状态

这里有一些实用的方法，可以让你从一开始就避开网络霸凌，保护好自己。

· 手机号码只给现实生活中你信任并且非常了解的人。

· 在用手机、平板电脑或笔记本电脑登录社交媒体或其他网站时，不要把这些设备到处乱放，因为其他人可能会“借用”，然后冒用你的身份。

· 不要向任何人透露你的密码，即便是你最好的朋友。

· 对于你所有的社交媒体和在线游戏账号，尽量设置最高等级的隐私权限。

不是你的错

在阅读本书或其他任何地方的建议时，要牢记一点：制止网络霸凌不是你的责任。应负责任的是那些霸凌者。不幸的是，安全建议并不是万能的；如果它们不起作用，那么绝对不是你的错。有时候，人们会做出一些卑劣、残忍的行为，应对这些行为负责的是他们自己。

无时无处不在

有些人可能会认为网络霸凌的严重性赶不上现实生活中的霸凌。这种认识是错误的。网络霸凌可能会更糟糕，因为这并不是我们从学校回到家，把门关上就可以解决的；网络霸凌无时不在，只要打开手机或电脑上网，它就会如影随形地出现在我们面前。

网络霸凌的影响

即便我们不看霸凌信息，焦虑也是存在的：谁在看那些关于我的残酷玩笑？谁在看我那些令人尴尬的照片？我怎样才能让这一切消失？

接下来该怎么做……

如果你遭到了网络霸凌，接下来该怎么做呢？我们来看下面一些建议。不要管发生在你身上的事情是不是很严重：即便是轻微的网络霸凌事件，也会给你带来很多痛苦，所以你必须认真对待。

如果霸凌者平素待人友善

如果你遭到网络霸凌，而先前你和该霸凌者从未发生过矛盾，那么试着去和他们交流或者给他们发送一条信息。他们可能觉得自己发布的内容很有趣，但是对你来说这些东西并不有趣。在这种情况下，你可以跟他们讲出来，要求他们删除。这可能会让你提心吊胆，但你也有可能会发现，事情的解决要比你想象的容易。

如果幸运的话，事情可能就这么简单。

是我说的吗?

另外一种可能：这个平素友善的人可能认为你做了让他感到厌烦的事情，进而对你进行报复。你可能确实做过某事，这种情况下你需要道歉，但这也有可能是别人给你制造的谣言。

无论是哪种情况，直接和这个人谈，而且是亲自谈。如果你觉得这实在是太难了，可以请你们共同的朋友来帮你做这件事。

如果事实证明你的确发布了一些伤害他的信息，那就删除这些信息，亲自向他

道歉。然后，在网上说一些他的好话，以此表明你打心底是和他站在一起的。

我是无辜的！

如果你没有做错什么，那就要指出你先前从未做过类似的事情，而且你们一直以来都是朋友，所以现在当然也不会做伤害他的事。你要告诉他，你希望他找出幕后的人，但这个人肯定不是你。（此外，还要请他删除那些龌龊的东西，因为针对你的报复行动完全是建立在捏造的事实之上的。）

劣迹在档的霸凌者

如果霸凌者是有霸凌“案底”的，或者你们在过去发生过矛盾（即便这种矛盾与霸凌行为无关），那么你的应对策略就要稍微改变一下，因为仅凭沟通可能无法解决问题。

“顺路”的霸凌

如果是一次性事件，直接忽略即可。很多霸凌者都喜欢看他们给别人带来的痛苦。不回复他们的信息或对他们的信息漠然置之，他们就不能如愿以偿了。

他们可能会感到无聊，进而转向他人。有些霸凌者喜欢到处攻击人，如果他们不是特别针对你，那么耸耸肩，一笑而过，可能是最容易的选择。

如果持续更久呢?

当网络霸凌长期存在时，采取漠视策略是无济于事的。如果霸凌者让你的生活变得苦不堪言，那么你确实需要从成年人那里获取帮助了；当然，如果你有哥哥或姐姐，也可以向他们求助。你可以同任何让你感到安心的人讲，比如父母、看护人、学校辅导员或朋友的父母等。如果你觉得没有合适的倾诉人选，可以选择拨打求助热线。

关于求助热线，如果是在中国，你可以打全国统一的青少年服务台热线，号码是 12355。

当然，成年人并不是无所不能的，有时候，他们无法提供有益的帮助，给出的建议也无法奏效。有时候，他们不知道该立即做什么。但即便如此，和站在你这边的一个成年人谈一谈也是大有裨益的。

反网络霸凌行动计划

· 把所有的事件都记录下来。每次发生网络霸凌时，记下日期和时间，发生了什么，怎么发生的，以及你所掌握的所有证据。保存你收到的所有信息或截屏处理，以便后期当作证据。

· 屏蔽霸凌者以及他们所有的密友（霸凌者往往是抱团扎堆的）。如果情况发生了变化，以后你还可以取消屏蔽。

· 检查所有账号的隐私设置，确保都处于最高安全等级。

· 不要在网上或短信息中谈论霸凌者，因为任何信息都有可能会被复制并发给霸凌者，这可能会让事情变得更糟糕。

· 不要接听陌生电话。把这类电话转到语音信箱：他们留下的信息会成为你的证据。

· 根据手机网络的不同，我们可以通过相关设置屏蔽霸凌者及其朋友的电话号码。有些应用程序也可以帮我们做到这一点。

· 对于你发布到网上的东西要格外小心，同时通过私信或即时消息与朋友保持一周左右的联系，或直到事情平息为止。要知道，在明处更容易受到攻击。

· 如果霸凌者威胁你或做出更出格的事情，立即报警。在很多国家，对他人进行威胁是犯罪行为。

如果是陌生人

有些网络霸凌事件发生在学校里，或者发生在彼此认识的人之间。但也有一些霸凌者喜欢对陌生人发起攻击。有时候，这些人也被称为网络喷子。对付他们的方法之一就是屏蔽和举报。有句话说“Don't feed the trolls”（不要搭理找骂的人），意思就是“如果你不回应他们，他们可能就会觉得无聊了”。

有时候，在网络喷子开口之前，你就能判定他们的身份：如果一个人的用户名带有性别歧视或种族主义色彩，或者看起来就低俗可厌，那么直接屏蔽掉，不给他们攻击的机会。

人肉搜索

有时候，网络喷子会搞所谓的“人肉搜索”，也就是把某个人的私人信息发布到网上，意在鼓动其他人去骚扰这个人，比如到这个人的家中去闹，或者给这个人打骚扰电话。如果你从未将个人详细信息发布到网上，这种情况还是比较容易避免的。如果事情发生了，第一时间告诉你信任的成年人，让他们帮助你。如果手机号码被公布到了网上，你可以考虑更换号码。

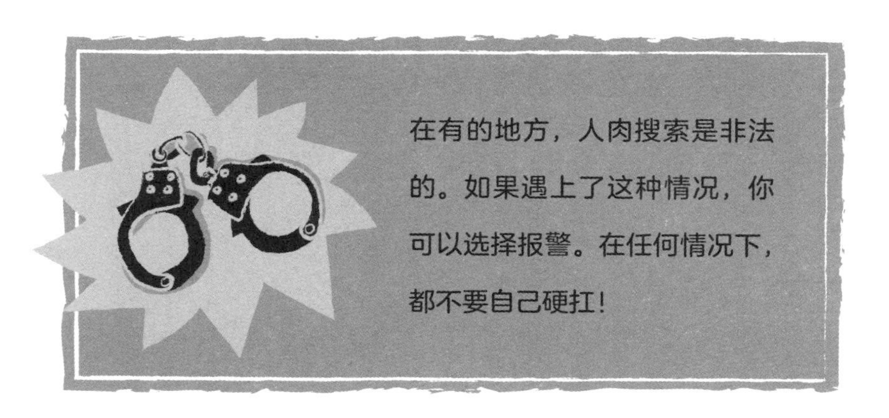

在有的地方，人肉搜索是非法的。如果遇上了这种情况，你可以选择报警。在任何情况下，都不要自己硬扛！

游戏中的霸凌

在网上玩游戏非常有趣，但霸凌者的有意破坏会让这种乐趣戛然而止。比如，在一款建筑类游戏中，有人四处破坏别人建造的东西或向他们发送粗鲁的信息。

在大多数游戏中，你可以选择跟谁对战或组队。如果心存顾虑，最安全的方法是玩离线游戏，或者只接受你在现实生活中认识和信任的人的组队邀请。

我刚给你发了一个邀请。
我要看你的身份认证。

找人倾诉

如果你正在遭受或先前遭受过网络霸凌，那么由此产生的坏情绪可能会难以平复。网络霸凌通常很难制止，尤其是在对方匿名的情况下，你不知道是谁在攻击你。在整个霸凌过程中，这可能只是一个寻找应对方法的问题。

能够自己应对非常重要，而找人倾诉也大有助益。如果你在现实生活中找不到合适的倾诉人选，可以选择拨打求助热线。有些针对未成年人的热线工作就做得非常好。

在第十一章的最后一页，我们提供了求助热线清单，你可以拨打心理咨询热线寻求帮助。

为什么倾诉是有用的？

你可能不是很清楚为什么找人倾诉是有用的，因为这并不能阻止你正在经历的糟心事。那为什么说它有用呢？你应该跟谁倾诉呢？

· 压抑情绪只会让事情变得更糟，因为在这种情况下，你会觉得自己孤立无援，而找人倾诉，会让你觉得是有人站在你这一边的。

· 找人倾诉有助于我们从一个全新的角度看待自己的处境。

· 如果由自己来处理坏情绪，你很容易产生一种小题大做的感觉。找人倾诉有助于你认真对待自己的情绪。

· 你可以向自己的密友或父母、老师等信任的成年人倾诉，也可以拨打求助热线。另外，如果你的学校有心理辅导老师，你还可以向他们寻求帮助，他们接受过训练，会认真倾听并帮助你处理坏情绪。

管理愤怒情绪（以及其他坏情绪）

遭到网络霸凌，感到愤怒是很正常的。愤怒可以说是一种有效的应对方式，因为这样一来，我们就不会再觉得自己是软弱的或是失败的。不过，这种愤怒必须要有一个发泄口……

以下是积极管理愤怒情绪的一些方法，这样我们就不必把气撒在生活中认识的人身上了。

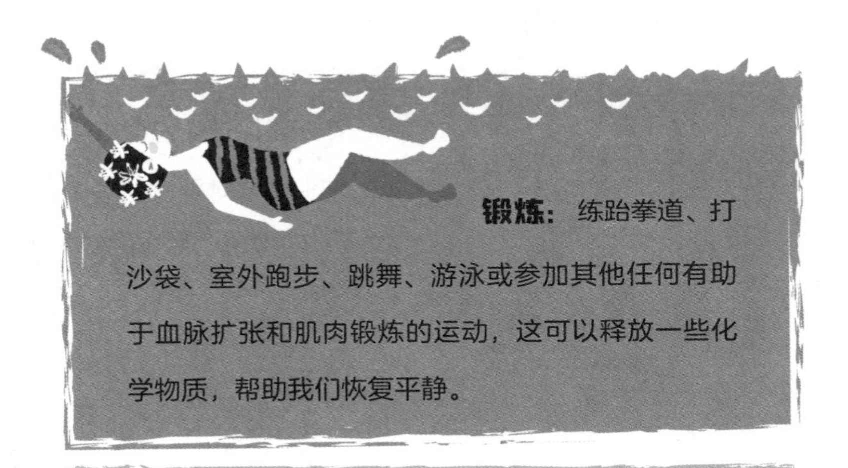

锻炼： 练跆拳道、打沙袋、室外跑步、跳舞、游泳或参加其他任何有助于血脉扩张和肌肉锻炼的运动，这可以释放一些化学物质，帮助我们恢复平静。

创作： 写故事，画画，甚至在日记本上胡乱涂鸦，都是疏解挫败情绪的好方法。

写日记： 记下自己的感受。你甚至可以写一整页愤怒的话。

利用想象力： 我们可以利用形象化技巧，把自己的坏情绪想象成天空中的云，最终让它随风而去。（这需要一些练习。）

聚焦自身的强项： 去做自己擅长的事情将有助于改善自我感觉。

接触其他被霸凌的人： 当你发现其他人也有着和你同样的遭遇时，你会觉得自己不再是孤单的，你也并没有任何错。

当坏情绪积压时

随着坏情绪的积压，有的人甚至会做出一些极端举动。如果你也这么想过，请一定跟父母、老师等成年人讲。你是宝贵的，你应该得到安全和快乐。

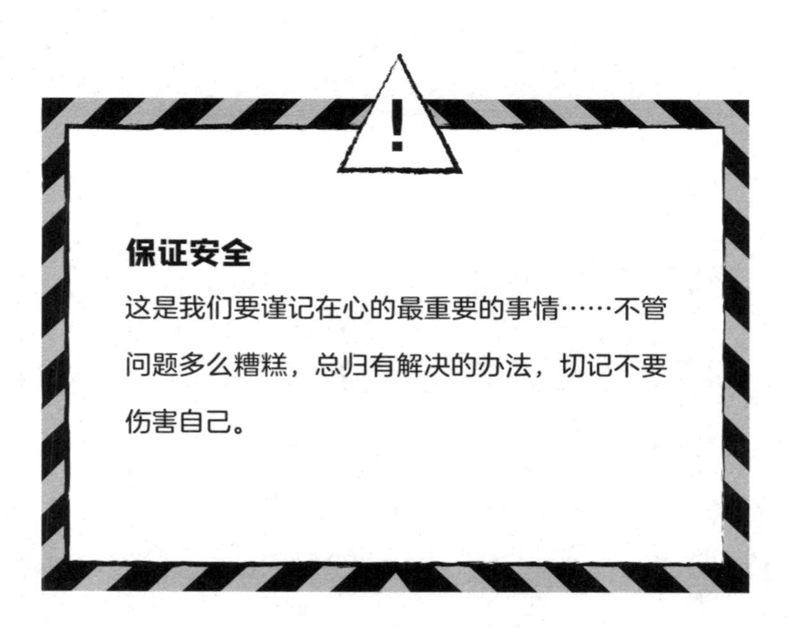

保证安全

这是我们要谨记在心的最重要的事情……不管问题多么糟糕，总归有解决的办法，切记不要伤害自己。

责任不在你

你可能会觉得自己被霸凌是因为你做错了某件事情，实则不然。如果有人给你发恶意信息或在网上散布关于你的谣言，那么受指责的应该是他们，而不是你。霸凌当然是错的，但这并不意味着你做错了什么。

漂亮的人被霸凌
爱好运动的人被霸凌
有趣的人被霸凌
友善的人被霸凌
瘦的人被霸凌
高个儿的人被霸凌
聪明的人被霸凌
名人被霸凌
矮个儿的人被霸凌
受欢迎的人被霸凌

为什么有人会搞网络霸凌?

原因有很多，但很多人这么做，通常是因为：

- 他们嫉妒你。
- 他们以打击、压抑别人的情绪为乐。
- 他们想给人一种无所不能的感觉。
- 他们试图掩盖自己生活中糟糕的一面，比如对自己的外表缺乏信心或缺乏幸福的家庭生活。

所有这些都不能成为霸凌的正当理由，但从中我们可以看出，霸凌者也是人，也有他们自己的恐惧。他们并不是真的无所不能，他们也有自己的软肋。

你会成为网络霸凌者吗？

并不是所有的恶棍都戴着黑色帽子，披着黑色斗篷，捋着邪恶的小胡子。有时候，你会发现自己在不知不觉中做着一些残忍的事情。这可能是因为你情绪不好，需要找一个人发泄，或者，你拿别人开涮，然后情况失控了。

在其他人发送充满恶意的信息时，即便你只是参与其中，那也属于网络霸凌。如果你转发了含有霸凌内容的信息，同样也是霸凌行为。如果你转发的是色情图片或是含有暴力威胁的信息，那么你有可能会触犯法律。

这种事情并不难避免：在网上说什么，做什么，一定要小心谨慎，三思而行。

帮助朋友

如果身边的朋友正遭受网络霸凌，你可以和他们谈谈心，倾听他们的感受。如果霸凌者是你们学校的同学，而且你也知道是谁，那么你可以和其他朋友联手，一起对付这个霸凌者。（当然，前提是你认为这样做是安全的。）另外，你也要鼓励朋友，让他在遭遇网络霸凌时跟父母、老师等成年人讲。

暴力威胁和跟踪骚扰

有些霸凌行为属于犯罪。如果有人向你发送暴力威胁信息或过分地向你发送骚扰信息，你可以将这种情况告诉父母、老师等身边信得过的成年人，以便联系警察。记住，要把收到的所有信息都保存下来，这一点非常重要。你可以把自己想象成一个侦探，你需要这些证据才能抓住罪犯。

不过，那个跟踪骚扰你或向你发送暴力威胁信息的人最终会不会受到处罚，你不必操心，那是警察的工作。

爱上互联网的原因五：
酷，可爱，随意
本章讲述了一些令人不快的内容，你可以搜索以下事物的图片或视频，来平衡这一黑暗面。
火箭发射视频
机器人世界杯
极限滑板表演
小海龟
小猫咪
世界胡须锦标赛
北极光
缓步动物（一种神奇的微型动物）

人们经常在网上发布自己的作品，其中包括音乐家上传的他们自己的歌曲，以及写手撰写的他们最喜欢的电视节目的同人小说*。

抄袭或剽窃他人发布在网上的内容会给自己带来很多麻烦，这不只是一种很不礼貌的行为，还有可能会触犯法律。不管怎样，重要的一点就是不要去拿那些原本不属于你的东西。

当有人在网上剽窃或表现出不端行为时，并不会有专门的网络警察拉着警笛呼啸而至。但如果你使用或分享了其他人的内容，你可能会接到来自现实生活中的律师的电话，这会让你惶恐不安。

在网上，什么事情是非法的，取决于我们的居住地。通常来说，暴力威胁都涉嫌违法。

*如果你还没有听说过“同人小说”这个事物，那么在这里解释一下。所谓同人小说，简单讲就是人们写的网络故事，这些故事以他们最喜欢的书、电视剧、电影或其他作品为蓝本，利用其中已有的角色人物展开新的冒险活动。

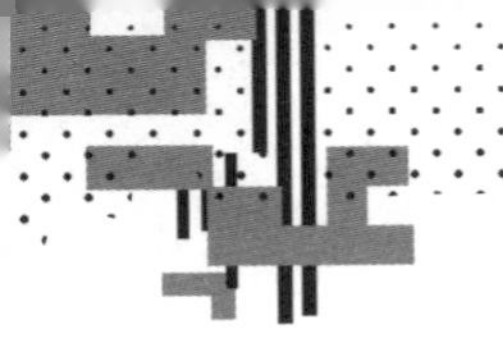

是的，免费音乐！

每个人都喜欢免费的东西，在网上，有很多不用付费就能在线收听音乐的方法，比如通过收听广告来换取音乐服务。

然而，我们在网上找到的一些免费资源可能会给我们带来麻烦。

在一些国家，下载别人的作品，且在未经准许的情况下在线分享这些作品，属违法行为。

著作权

著作权是一个法律术语，是指作品的创作者（有时候是所有者）享有的署名、发表、出版、获取报酬等权利。如果你拥有某个作品的著作权，那么你可以决定人们可不可以复制它，可不可以把它上传到网上等。在中国，公民创作的作品的发表权、使用权和获取报酬的保护期是作者终生及其死亡后 50 年。大约 100 年前写的书的著作权可能已经失效，但作为万全之策，你最好假定某个作品是有著作权的。

无形的偷盗

从网上非法下载有著作权的资料或在网上分享受著作权保护的视频等文件的行为，通常被称为网络盗版。这听起来惊险刺激，但实际上就是盗窃，虽然盗窃者并没有获得书籍、磁带这些有形的东西（毕竟，老派的海盗也不过是驾大船、戴花式帽子的小偷）。

在网上分享文件或从网上下载文件，本身并不违法：如果有人把他们拥有著作权的作品上传到网络，并允许分享，那么下载是没有问题的。但如果没有经过允许就下载并分享，可能需要承担法律责任。

下载的弊端

非法下载可能会让你（或你的父母）陷入法律纠纷。另外，这也有可能让你的电脑感染病毒。有些电脑病毒极具破坏性，以至于杀毒软件都无能为力，在这种情况下，你只能买一台新电脑，或至少要送到店里进行大修。

当你伸手要钱修电脑时，可能会面临一场非常尴尬的对话。

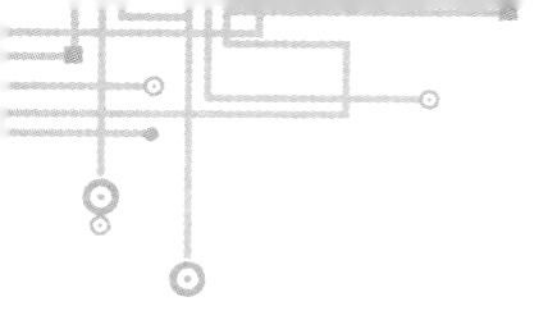
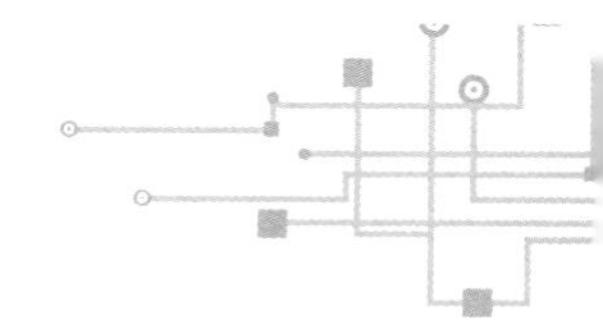

我触犯法律了吗？

法律因地而异，但在很多地方，以下行为是违法的：

- 在线分享受著作权法保护的资料，比如视频、歌曲、故事和影片等。
- 在线分享涉未成年人的色情图片（这可能包括你认识的人的图片，所以在转发之前要三思，因为这些不雅图片可能会出现在你们学校里）。
- 发布带有威胁性质的帖子或信息，声称要去伤害某个人。

会发生什么？

同样，处罚也是因地而异。举例来说，在中国，未经许可下载他人作品传播、不支付报酬的行为构成侵犯他人著作权行为，可能会被要求公开道歉并赔偿经济损失。对于那些更严重的线上犯罪行为，受到的处罚也会更重。

盗版损害创作者利益

有些人试图为网络盗版辩护，声称这不会损害任何人的利益。他们认为网络盗版和偷窃别人的包不一样，如果包被偷走了，那失窃人的财物就真的没有了。但数字式作品或数字化作品在被复制之后，所有者仍然拥有它。

然而，网络盗版依然损害了创作者的经济利益，这种行为侵害了创作者利用自己的作品谋生的权利。

假设你是某支乐队的成员，你想出售自己的音乐作品，如果有人免费提供该作品（当然是非法的），那么人们不太可能会掏钱向你购买。

这对创作者来说是一件可悲的事：从音乐中赚不到钱可能意味着他们不能再做音乐家了。因此，对他们的粉丝来说，这同样是可悲的。我们可以通过很多合法方式获得音乐服务（或其他任何形式的在线娱乐）。这样将来我们才会有更多机会欣赏自己喜爱的创作者的作品。

支持创作者

即便有人在网上免费分享他们的作品，我们也要养成良好的习惯，告诉别人自己是在哪里发现这一作品的，并把功劳归于创作者。

家庭作业帮手

家庭作业作弊并不违法，但如果老师发现你的作业跟网上的一篇文章颇为相似，那么你仍有可能惹上麻烦。

使用引文（其他人说过的话）是可以的，但前提是我们要明确表示自己是引用他人的话。千万不要大量复制网上的内容，就好像那些内容是我们自己的一样。

从互联网上抄袭意味着你不仅可能会被留堂，还有可能会被老师处罚。至于考试不及格这样的情况，就更不用说了。

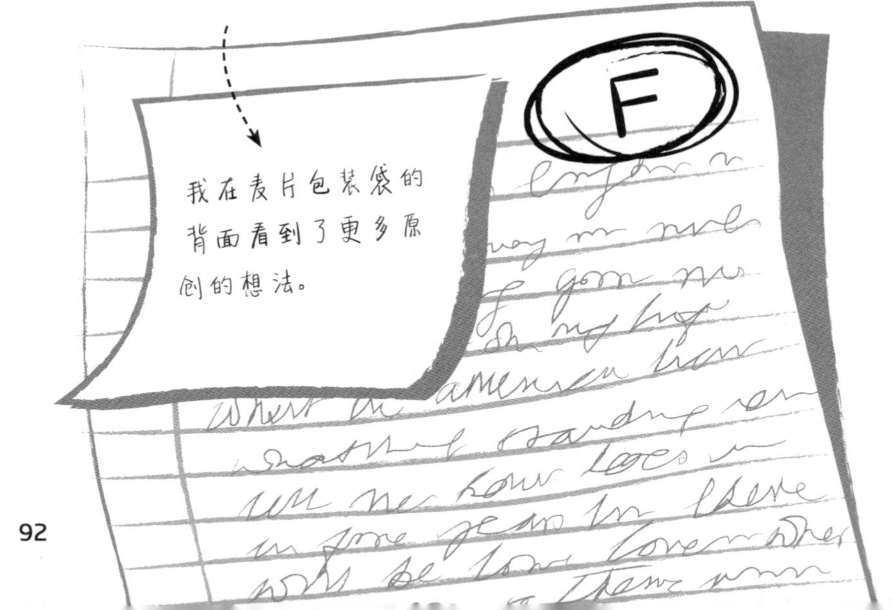

F
我在麦片包装袋的背面看到了更多原创的想法。

寻找事实

任何人都可以在网上发表自己的观点。从自我表达的角度来看，这当然很好。但另一方面，这也意味着我们在网上看到的很多内容都是无稽之谈——无论是捏造的“事实”，还是深思熟虑后的观点。

在网上搜索资料时，对于查找到的信息，最好跟其他网站交叉核实一下。你想找的信息类型，事先要考虑好。举例来说，如果你想找的是艺术项目方面的信息，那么比较可靠的地方可能就是知名博物馆或美术馆的网站。

爱上互联网的原因六：

创作和分享自己的作品

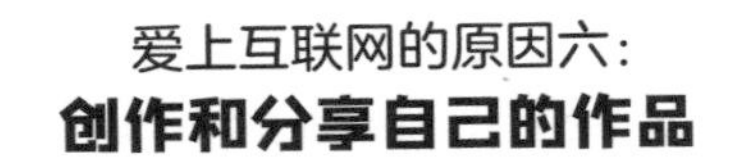

通过这样的平台，我们可以向全世界展现自己的才华。有些视频博主（制作和分享视频的人，内容通常是关于他们的生活或爱好的）最终建立起了庞大的粉丝群，而视频也成了他们的收入来源。如果不想出镜，你可以选择分享自己的艺术作品、音乐作品或编码知识。

注意：在网上分享个人作品确实存在被复制的风险，但当你发现人们沉浸于你的绝妙创意之中时，你会获得一种满足感，相对于规避风险而言，获取这种满足感通常更重要。

网络消费 7

互联网本身是免费的，很多应用程序和网站不必付费即可使用。尽管如此，我们还是很容易发现自己无意中在网上花了很多钱。

如果你有信用卡或银行卡，或者你知道你生活中的成年人的银行卡登录信息，那么最终你可能会欠下一大笔钱。

在网上，点击购买的过程会让人觉得自己花的并不是真正的钱。但是，不要让这种感觉欺骗了你。

应用内购买

仔细观察，你会发现很多免费游戏其实并不是免费的。举例来说，如果游戏玩家想要升到更高等级，解锁更多角色或获取更多道具（比如神奇的武器），是要付费的。

如果你开通了网上支付功能，那么很容易会出现严重超支的情况。解决方案之一是，你可以申请一张存有固定金额的预付卡，这样一来，无论如何你都不会超支了；或者，只玩那种真正免费的游戏。

当你使用父母或其他亲人的银行卡进行网络购物时，务必每次都要征得他们的同意——即便先前他们已经准许你使用某一张银行卡。

网络赌博

在谈论上瘾问题时，人们通常想到的是毒品或酒精。赌瘾被谈论得相对较少，然而它造成的伤害一点儿也不小。

不管你是成年人还是未成年人，从法律上讲，都是不允许参与赌博的。

受到诱惑的时候，一定要记住一点，赌博不仅可能会让你（你的父母或看护人）背上巨额债务，还会给你带来情绪上的伤害，因为它会在短时间内让你产生一种冲动，让你觉得不赌就活不下去了。总的来说，赌博就是自讨苦吃，而且代价高昂。

如果担心自己可能染上了赌博恶习，你可以告诉父母、老师或其他值得信赖的人，向他们寻求帮助和支持。

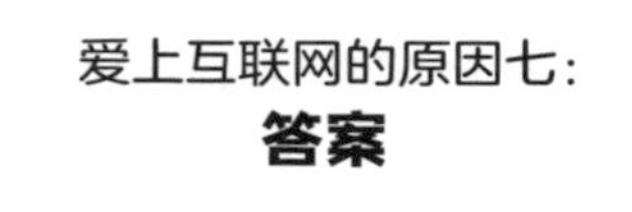

接入互联网就好像进入了 100 万个人的大脑。记不起某个演员的名字？想知道奶牛的平均体重是多少？俄罗斯的首都是哪里？所有这些问题的答案，你马上就能知道。

色情信息和淫秽物品

长时间在网上冲浪，你可能会发现一些不适合未成年人阅读和观看的内容——它可能是一张图片，也可能是限制级的影片。成年人可能会尝试安装过滤软件（比如那些可以阻止特定信息出现在搜索结果中的计算机程序），但总会有一些“漏网之鱼”。

你可能觉得自己已经做好了解相关信息的准备，也可能觉得还没有。不管是哪一种情况，在涉及网络色情图片问题上，你需要知道怎么应对以及如何从情绪上（乃至法律上）保护自己。

青少年模式

在中国，为了预防网络上的不良信息危害青少年的身心健康，一些网络平台专门设置了“青少年模式”，过滤掉了许多暴力、血腥等不适合未成年人观看的内容，关闭了打赏、充值等功能，这样可以避免未成年人因为错误操作而造成金钱损失。

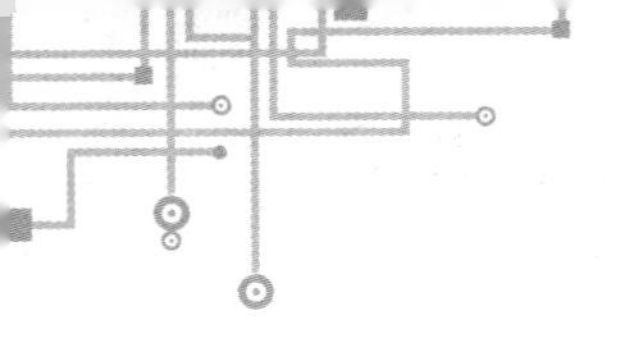

淫秽物品

互联网上有些图片或视频里的男女穿着暴露，甚至完全裸体，他们摆出不雅的动作，露骨地宣扬色情，这就是人们常说的淫秽物品或色情制品。即便我们没有搜索这些内容，有时候也可能会遇到。

我是雕像《大卫》，是米开朗琪罗创作的艺术品。

当然，并不是我们在网上看到的所有裸体都是淫秽物品，有关人体生理、医学知识的科学作品不属于淫秽物品，一些表现人体美的美术作品也不属于。关于如何界定分辨它们，你可以向家长和老师求助。

你还好吗？

从严格意义上讲，某张图片或某段视频是不是被界定为色情制品并不重要，重要的是你自己的感受。如果你看到了让你感到尴尬或不安的内容，可直接关闭浏览器。

即便所有的朋友都在看这方面的东西，自己的感受也还是最重要的。如果你不想看某张图片或某段视频，决定权完全掌握在你自己手里。

你可能以后会对这方面的东西感兴趣，也可能永远都不会感兴趣。在这个问题上，你能学到的重要一课就是，在任何时候你都可以对它说“不”。

自己的感受和决定是最重要的。对于那些让你感到不自在的事情，无论什么人怂恿你去尝试，都不要听。在任何时候，这都是你自己的选择。

法律在保护你

关于淫秽物品，不同的国家有着不同的法律规定，但利用互联网制作、复制、传播淫秽的图片、电影、动画等电子信息，在很多国家都属于犯罪行为。在中国，向不满 18 周岁的未成年人传播淫秽物品，还会被从重处罚。

法律的目的是保护青少年。看露骨的图片未必会给你留下终生的精神创伤，但有可能会让你感到非常苦恼，特别是可能会让你产生一些不切实际的、有害的想法。

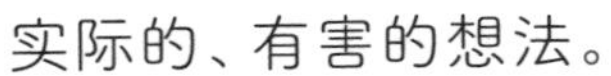

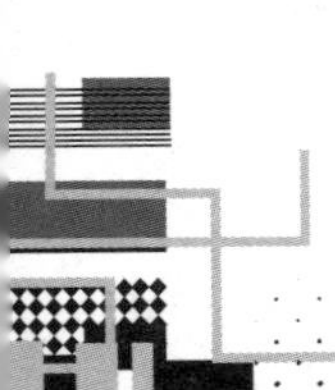

一切都是表演

同任何影片中的镜头一样，色情影片里的情节也是一种表演，甚至是一种拙劣的表演，并不真实。为了博眼球，演员们会进行一些夸张的表演，看到这样的影片，你可能会产生不自在的感觉。

永远记住，那些限制级影片都是制作出来的，它们像广告一样虚假，对未成年人而言，还会严重危害身心健康。

每个人的身体都是不同的

我们的身体是自己的，如何支配自己的身体，决定权掌握在我们的手中。有些图片或视频里的演员拥有不切实际的体形，那可能是因为这些图片或视频经过美化处理。看到这样的身体，人们有时候会觉得自己的身体出了问题。

这也可能会让我们将来对自己伴侣的身体产生一些奇怪的想法。

但我们不应该只从一个角度看世界。在现实生活中，我们每个人都是不同的，这是非常正常的。

有的青少年可能受到网络上这种不良信息的影响，养成不健康的习惯，甚至违法犯罪。在中国，如果发现有人传播色情内容，你可以向父母或老师求助，在他们的帮助下登录中央网信办违法和不良信息举报中心或者中国扫黄打非网进行举报。

色情信息

发送自己的裸照或只穿很少衣服的图片，有时被认为是发送色情信息。这是一个需要认真对待的问题。即便你只把图片发给了自己十分信任的朋友，这些图片也很有可能流传出去。只需动动手指，你不穿裤子的图片就满天飞了。所以，你要学会保护自己，不要泄露个人隐私。

色情报复

有些图片并不是在无意中被分享的，有些分享也不仅仅是为了“开个玩笑”。比如，有人会故意散布熟人的裸照，以让他们难堪，这就是所谓的色情报复。所以，最安全的方法就是不要发送任何你不愿意向外界展示的图片。

其他人的照片

如果收到了别人的裸照，切记不要再发送给其他任何人，因为那不仅仅是一种残忍的行为，也涉嫌违法。

分享和散布儿童不雅图片，意味着你可能涉嫌传播儿童淫秽色情信息，即便你发送的是你的玩伴的图片。（在大多数国家，儿童是指 18 周岁以下的群体。）

这是非常严重的违法犯罪行为，你绝对不希望这样的事情被记录在案。

文字、文字、文字

很多色情信息都包含图片或视频，但这并不意味着发送猥亵的文字信息就是一个好主意。和图片一样，文本信息也可能会落入坏人手中。色情文字信息一旦发送出去，会让人产生一种无助感，尤其是在没有得到积极回应的情况下，我们不知道对方是否轻蔑地一笑，转头就告诉了其他人。

发送色情信息之前请三思……

- 如果你们学校的每个人都会看到，你是什么感受？或者，如果你父母看到呢？警察看到呢？
- 发送色情信息是因为你真的想发，还是因为其他人都在发？
- 有没有更安全的方式去跟别人说你喜欢他们？
- 在按下发送键的那一刻，你将会是什么感觉？

魅力与自尊

随着年龄的增长，你可能会开始担心这样一个问题，即别人是否觉得你有吸引力。（如果你没有这样的困扰，那太好了，你是幸运的。）

互联网会进一步放大这种焦虑情绪：你会觉得他们每一个人都长得比你好看。原因其实很简单，因为人们只会把他们最好看的照片发出来。

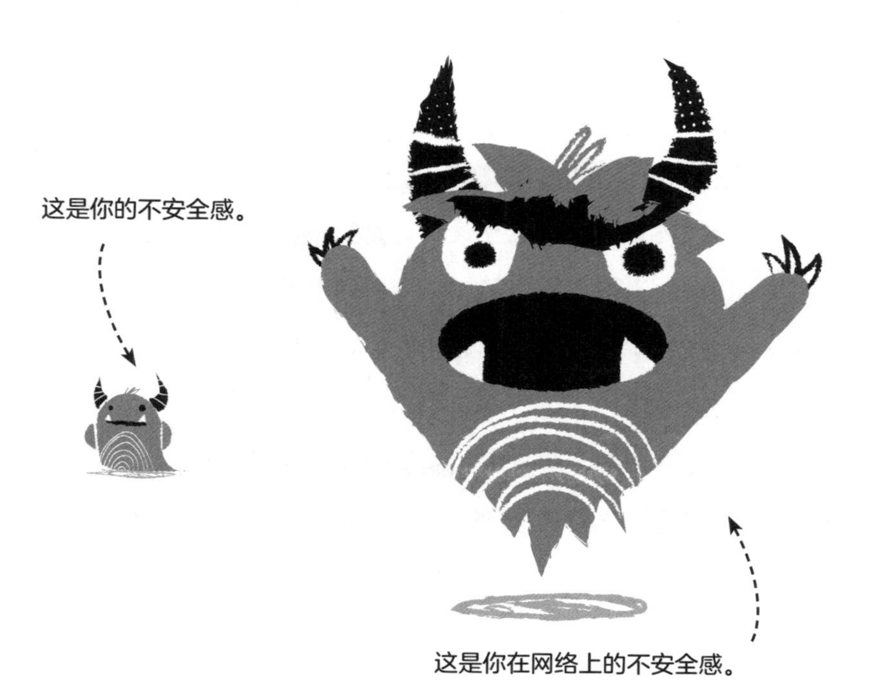

这是你的不安全感。
这是你在网络上的不安全感。

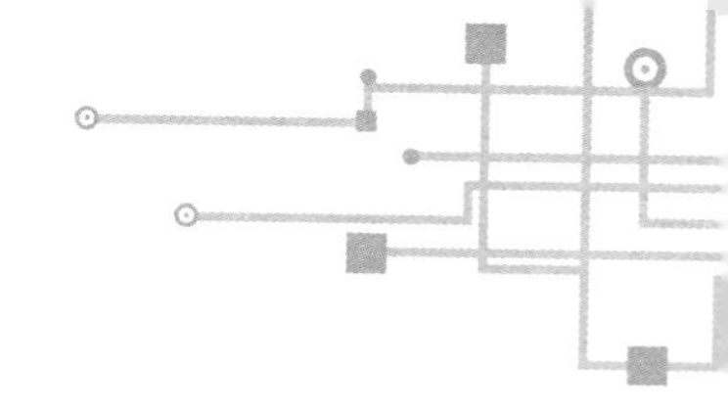

你要记住：照片往往会失真，我们作为一个人的价值，与是否有很多人说我们在照片上好看并无任何关系。

互联网是一个巨大的资源宝库，你不必把注意力都放在那些让你感到焦虑的照片上。在那里，我们可以看到许多优秀的人创作的作品，比如情节跌宕起伏的小说、搞笑又有创意的视频。你可以多关注那些有意思的作品，或者通过互联网施展自己的才华，当你的才华得到很多人的认可的时候，你可能已经不在乎别人是否觉得你在照片上好看了。

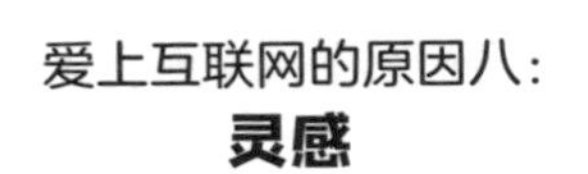

爱上互联网的原因八：
灵感

无论是艺术爱好者、运动爱好者，还是科技爱好者，都可以在互联网上找到灵感。我们可以通过在线视频学习如何编写计算机代码，如何在自己的艺术作品中创造不同的效果，如何在足球比赛中踢进球，乃至如何制作自己的创意短视频。

警惕图谋不轨的成年人 9

在阅读本章之前，要特别记住一点，我们在这里谈及的成年人并不是泛指所有的成年人。这个世界上没有那么多想要伤害未成年人的恶魔。

但不幸的是，世界上总是存在坏人。本章将告诉你如何保护自己，免受他们的侵害。部分内容可能令人感到沮丧，所以你可以让父母或看护人先读，然后再跟他们一起讨论。

网络捕食者

总有些成年人想伤害儿童和青少年。在他们之中，有些想以“性”的方式和青少年接触或交流，这是非法的，也是极具危害性的。这就是所谓的性虐待，又称儿童性剥削，从事这些勾当的人通常被称为性捕食者或恋童癖者。他们会用各种阴谋诡计去伤害儿童。

诱骗

在网上聊天时，并不是每一个和你对话的人你都认识，性捕食者往往会把自己伪装成儿童。他们会想方设法赢得未成年人的信任，以便接近他们。这就是所谓的诱骗。

一些警示信号

对以下类型的人要当心……

奉承你或千方百计讨好你。他们可能是想让你觉得自己很特别，以赢得你的信任。

给你讲黄段子或把话题转移到性方面。

问你私人问题，特别是一些与身体相关的问题。

告诉你不要跟任何人提及你们之间的对话，让你保守秘密。

照搬你的观点和兴趣。性捕食者往往假装和你有着相同的爱好。

告诉你不要相信自己的家人。

声称他们想成为你的男朋友或女朋友，尽管你们还从未见过面。

如果在网上遇到上述这类人，一定要告诉你信任的成年人。虽然这个世界上有一些坏人，但是愿意保护你、帮助你的好人更多。

自我保护

不要在网上泄露过多的个人信息。为什么要这样做？原因有很多，其中之一就是保护自己，免受性捕食者的侵害。

如果性捕食者创建了你的人物画像，包括你的居住地和你经常去的地方等，那么他们就有可能找到你。

你：我家附近的游泳池太棒了！还有那个水滑梯，简直令人疯狂。

他们：哦，游泳池在哪里？我也想去。

你：在奥克斯利。你也住在附近吗？

他们：哈哈，是的！你周六上午去吗？或许我们可以在那里见面。

性捕食者还有可能利用他们所掌握的你的信息，来赢得你的信任，并营造亲密友谊的假象。所以，不要在互联网上发布或泄露自己的个人信息。

不只是陌生人

这样的网络陷阱也可能涉及你认识的人，比如你在派对活动或校园活动中遇到的成年人。

通过网络聊天，那些在现实生活中认识你的性捕食者，可能会在你独自一人的时候联系你，而你的父母、看护人或老师等其他所有人都被蒙在鼓里，对此一无所知。

如果你收到了你认识的成年人发来的信息，即便这条信息看起来没有恶意，也要把它拿给父母或看护人看。如果有成年人想和你在网上聊天，那么你最好还是告诉家人，以便他们为你提供帮助，确保你的安全。

和你在网上聊天的成年人，无论你认不认识，如果他们要求和你单独见面，一定要拒绝。

网络侵害

并不是所有的性捕食者都会要求在线下见面。即便是在网上，未成年人仍有可能受到侵害。比如，他们可能会向你索取裸照，或者给你发送他们的照片。他们还有可能会跟你谈起与性有关的话题。即便你从未见过他们，他们也从未接触过你，这仍是一种恶行。

网络摄像头的危险

如果有人要求你和他们进行视频聊天，记得要拒绝。性捕食者可能会通过各种花言巧语，让你向他们展示身体的某些部位，或让你在镜头前摆出各种姿势。

超级惊悚的事实：网络摄像头可能会被黑客入侵，所以电脑在不用的时候要关掉，因为入侵者可能会利用网络摄像头来监视你。

有些网络摄像头是这样的。

平板电脑或笔记本电脑上的摄像头通常都很小。

受到侵害怎么办

如果你受到了侵害（无论是在线上还是线下），务必要告诉父母或老师等你信任的人，讲述你的感受并寻求帮助。即便你与性捕食者没有任何身体接触，这种侵害也会对你造成严重影响，让你沮丧不已。

记住：所有这一切都不是你的错，对此产生各种令人困惑的感觉也是正常的。侵害你的那个人是坏人，你可以让父母或看护人帮忙报警。

尽管这会很痛苦，但你还是要记录下所有的骚扰信息以及不雅的图片或视频。这些证据将有助于警察办案，证明实施侵害的人犯了罪，进而处罚他们。

关于如何帮助和支持被侵害的青少年，本书也为父母和看护人提供了相关建议。（参见第 137—138 页。）

包藏祸心

有些心怀歹意的成年人上网并不是为了对未成年人进行侵害，而是利用互联网接触年轻人，试图给他们洗脑。有些人甚至更恶劣，他们会诱使儿童和青少年从事犯罪活动。

比如，恐怖分子会利用互联网诱使未成年人帮助他们安放危险物品或实施其他暴力活动。

就像性捕食者一样，这种人也经常使用奉承之类的策略，让你觉得自己很特别。他们可能会劝诱你说，为他们提供帮助是你为自己的生命“赋予意义”的最佳方式，也就是说，加入他们会让你成为一个“英雄”……

而其实他们的真实目的是，让你帮他们做违法犯罪的事。

如何识破

如果有人在网上发布关于暴力行为的帖子，那么警钟就应该敲响了。当然，他们可能不会搞得这么明显。有些人可能会先问你是与非的问题，然后再谈论当今世界上所有的问题。

在网上，并不是所有充满怒气的人都试图让你相信什么是有害的。但是，如果某个人的评论超出了抱怨的限度，进而声称某个特定群体是邪恶的，必须要给予惩戒，那么你就该躲开了。

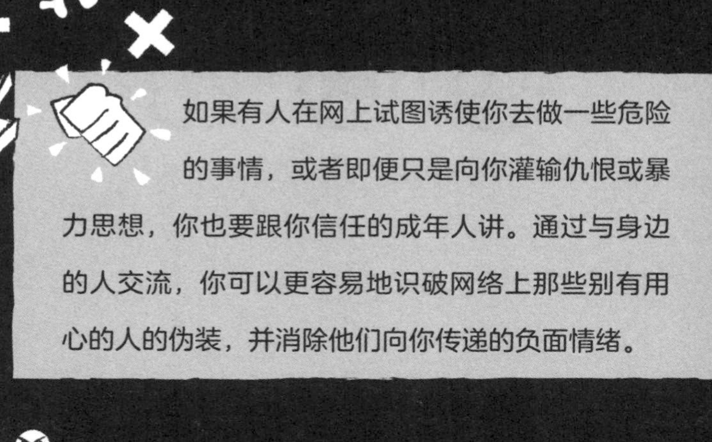

如果有人在网上试图诱使你去做一些危险的事情，或者即便只是向你灌输仇恨或暴力思想，你也要跟你信任的成年人讲。通过与身边的人交流，你可以更容易地识破网络上那些别有用心的人的伪装，并消除他们向你传递的负面情绪。

在互联网上，我们可以看到一些非常棒的故事——从网络漫画到经典童话，再到同人小说，不一而足。

比如，格林兄弟讲的所有童话故事都可以在网上免费获取。（不过，你可能会发现，这些故事比你小时候看的那些漫画版本略微粗俗一些，那是因为出版社在选编出版时对内容做了处理，所以还是建议你购买正版纸质书或电子书。）

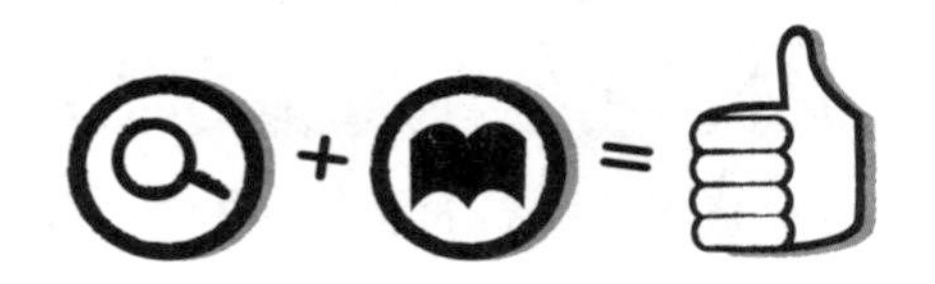

寻求帮助

如果你在网上遭到了霸凌或遇上了其他严重问题，不要一个人扛着，独自应对。

本章将会给出一些建议，告诉你在网上遇到问题时该如何寻求帮助。（本书后面还有一个章节是为成年人准备的，这一章节给成年人提出了一些建议，告诉他们该如何给你提供帮助。）

没有什么问题是小问题

跟别人讲述自己遇到了问题并不是一件容易的事。有时候，你可能会觉得尴尬或认为这是你自己的错。你可能会觉得问题并没有那么严重，你一个人应该可以应对。有时候，你可能会因为它发生在互联网上而不是“现实生活”中，而觉得这不算是一个真正的问题。

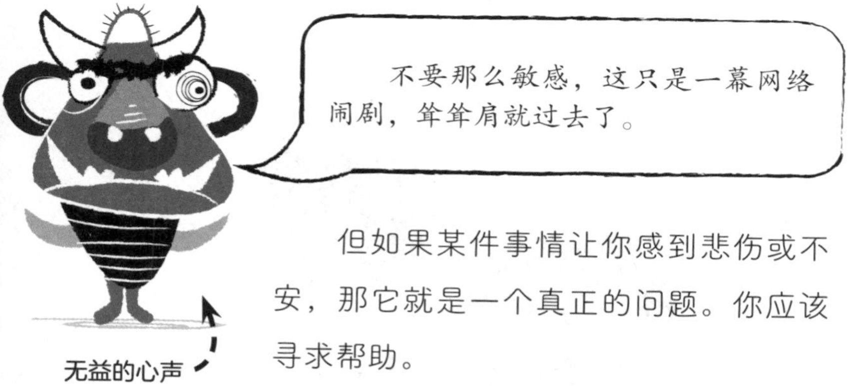

不要那么敏感，这只是一幕网络闹剧，耸耸肩就过去了。
无益的心声

但如果某件事情让你感到悲伤或不安，那它就是一个真正的问题。你应该寻求帮助。

你的感受很重要。寻求帮助。
有益的心声

向谁求助

- **朋友：**

  如果你遭到了网络霸凌，那么和你的朋友讲一讲是大有助益的。

- **父母或看护人：**

  听你倾诉并帮你解决问题是他们的职责所在。他们还可以帮你判断你的聊天对象是不是危险分子。

- **求助热线或在线帮助服务：**

  非常私人化的问题会比较难以启齿。如果你觉得身边没有可以交流的合适人选，可以选择拨打匿名求助热线。

- **学校的心理辅导老师或医生：**

  如果你感到压力巨大，难堪重负，可以让父母、看护人或老师帮你预约医生或学校心理辅导老师。

- **社交媒体：**

  大多数社交媒体和网站都有帮助页面，告诉你如何举报问题以及如何删除帖子或图片。

直面现实

有些人更擅长帮你处理情绪层面的问题而不是技术层面的问题。在使用互联网方面，你的父母或看护人可能没有你那么自信，但在你哭泣时，他们却可以为你提供坚实可靠的肩膀。倘若你遇到的问题非常严重，他们还可以帮你解决其他一些事情，比如与警方联络等。

我们永远爱你，永远支持你。但社交网站怎么用，我们还不是很清楚……

如果你想在技术层面得到更多帮助，可以向你信任的老师请教，他们大多精通计算机技术。

如果你正在深渊中苦苦挣扎，那么你并不孤单，而且这也没有什么可丢脸的。仅以英国为例，大约三分之二的年轻人都遭受过网络霸凌。同样是在这些年轻人中，大约有四分之一经常遭受网络霸凌。

糟糕的感受不会一直存在

任何形式的网络侵害都很可怕。它会让我们感到非常孤独和恐惧，甚至还会让我们觉得丢脸。所有这些感受都是正常的。把你的感受讲出来，并且记住，这些感受不会一直存在下去。你的情绪会一点点变好。从长远看，一切都会好起来的。

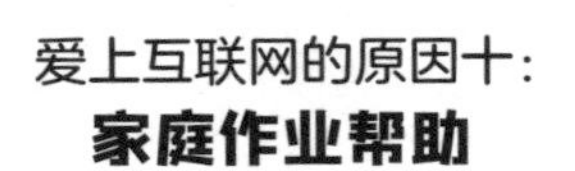

爱上互联网的原因十：

家庭作业帮助

虽然从网上抄作业不是一个明智的做法，但是互联网上确实有很多有用的网站，可以帮助你做研究，你还可以在上面搜索一些有趣的事实，然后用到你的家庭作业或学校项目中。

借助互联网做家庭作业要记住以下关键几点：登录可信的站点，使用专家撰写或审核过的资料，尽可能参考多种信源，并用自己的语言写出来，而不是从某一个地方大量复制相关文字。

戒除网瘾

尽管互联网是一个神奇的存在，不过，在有些时候，没有互联网也很棒。

偶尔，关掉手机，收起平板电脑，关闭笔记本电脑，这对你的情绪、你的身体和你的友谊来说都有好处。互联网并不是这个世界上唯一的所在，不妨让自己下线休息一下。

信息过载

在互联网上，我们会遭到各种信息的狂轰滥炸：文字、图片、广告和视频，等等。即便没有人给我们带来不愉快，这些信息也会让我们感到精疲力竭，难堪重负。

如果再把网络霸凌以及其他可能发生的坏事考虑在内，互联网可以说是一个耗尽人心力的地方。我们的大脑需要休息。

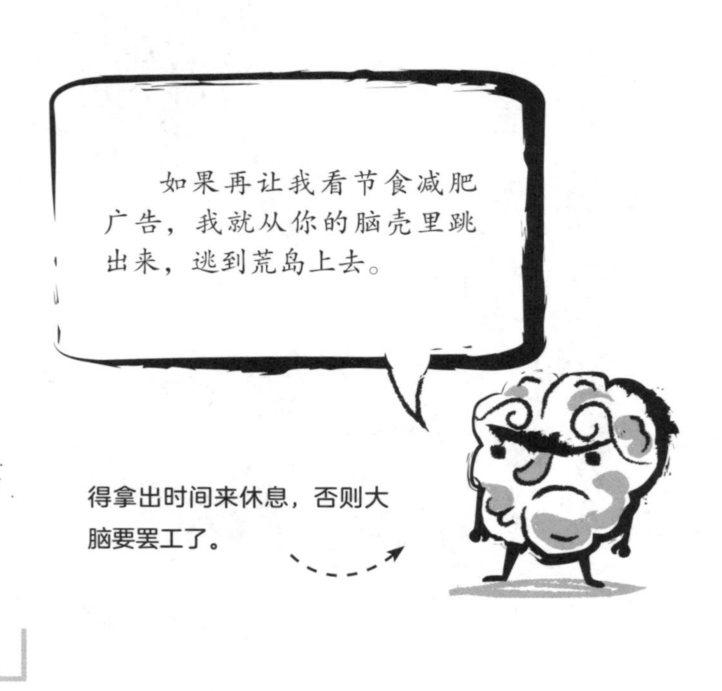

如果再让我看节食减肥广告，我就从你的脑壳里跳出来，逃到荒岛上去。
得拿出时间来休息，否则大脑要罢工了。

断网恐惧症

即便只是短时间离开互联网和社交媒体，有的人也会觉得这是一件很可怕的事情。

不要高估互联网的重要性。你为自己制作的狗头特效照片，完全可以等几天再发。

偶尔也让自己休息一下。如果担心别人找不到你，可以跟朋友说最近这段时间你不上网。

去户外

当我们把大量时间花在互联网上时（大多数人是这样的），很容易忘记互联网之外的世界也是一个非常美好的世界。

把时间花在户外，对我们来说是有好处的。当然，“对我们有好处”并不能成为我们说服其他人做某件事的理由。但实际情况是：去户外真的是一种享受。自然光和锻炼会让我们的心情变得更好。再者，我们也需要晒晒太阳，这有助于人体产生维生素 D，进而帮助我们保护骨骼、牙齿和肌肉。

照在我脸上的这种奇特的暖色黄光是什么？

面对面交流

与人面对面交流，可以看到他们的表情，听到他们的笑声，这同样会带给我们一种良好的感觉。

除此之外，当我们远离社交媒体后，看到的人将不再是那种粉饰过、编辑过的网上版本，而是一个个活生生的人，一个个有优点也有缺点的完整的人。

要头脑也要身体

上网的时候，你会觉得你被困在了自己的大脑里。所以，抽出时间来，也照顾一下自己的身体。

去跑步或游泳，做一些自己喜欢的运动（无论你是否擅长）……所有这些事情都会提醒你，锻炼身体远比仅仅移动拇指或仅仅点击鼠标更快乐。

一切都没有问题

互联网可以说是一个美妙的存在，只要你不把大量时间花在那上面，记住它只是一个工具，持小心谨慎的态度。保持警惕，采取预防措施，你仍可以在网上度过美好的时光。互联网是一个好与坏的混合体，乐趣与危险并存。它就跟我们这个世界一样，真的。

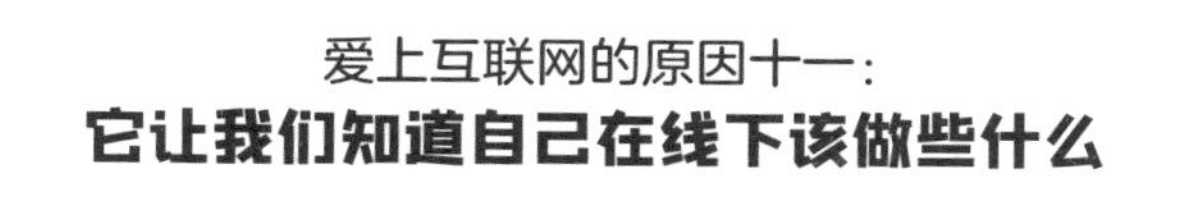

爱上互联网的原因十一：

它让我们知道自己在线下该做些什么

如果在家里感到无聊，你可以上网找一找灵感，看看可以去哪些地方参观和游玩。比如……

- 博物馆和美术馆
- 滑板公园，或有鸟鸣和溪流声可舒缓情绪的自然空间
- 历史遗址
- 游乐园，以及其他装备有摩天轮，可以让你高声尖叫的游乐场所
- 城市景观和你可能每天都路过却未曾注意到的场所

获得帮助与支持

互联网是一个关于网络安全的重要信息来源，但关键是你要知道去哪里查信息以及哪些信息是可信的。

在中国，我们挑选了一些有用的网站和求助热线，以便你在收到骚扰信息或遇到其他困难时，可以获得相应的支持。

中央网信办违法和不良信息举报中心，网址**https://www.12377.cn/**，举报电话12377；

中国扫黄打非网，网址**https://www.shdf.gov.cn/shdf/channels/740.html**；

青少年法律与心理咨询热线，电话12355；

微信公众号：青少年网络心理与行为重点实验室。

这些网站和求助热线有的在前文中出现过，在此我们将它们整理在了一起，如果你正遭受网络霸凌或网络侵害，可以搜索这些网站或拨打热线电话寻求法律上和心理上的帮助。

为平衡负面影响，建议你多跟朋友交流，平时互相分享一些健康有趣的网站，以帮助你最大限度地利用互联网。

给父母、看护人和其他成年人的建议

互联网现在已经成为青少年成长过程中的正常组成部分，但作为父母，往往是有些担心的，因为你知道自己的孩子可能会在网上看到各种各样的有害信息，遇上各种各样的坏人。

确保他们的安全

和你的孩子或你看护的未成年人聊一聊，看看他们在哪里上网以及和什么人聊天，在知道了他们常上的网站和常用的应用程序之后，你也就有了更多的掌控权，而特别重要的一点是，你要了解这些网站的隐私设置，同时也要知道如何屏蔽和举报那些发送骚扰信息的人。在各应用或网站的帮助页面，你可以找到相关的支持信息。

获取帮助

如果你的孩子在网上有过很糟糕的经历，或正在遭受网络侵害或网络霸凌，你可以选择各种在线支持服务和求助热线。另外，你还需要了解一下孩子的学校是否设有辅导员，或者给孩子找一位合格的心理治疗师。

对孩子来说，他们可能觉得被霸凌或被侵害是他们自己的错，所以你一定要让他们清楚地知道这不是他们的错，并鼓励他们讲出自己的感受。

举报侵害行为

如果你的孩子在网上受到了骚扰，或者遭到了更严重的侵害，那么这可能就是犯罪行为了。如果你不是很确定这些行为的性质，可以跟当地警方联系，或者也可以拨打求助热线咨询一下。

索引

安全更新 17
霸凌者 59，61，63，65—70，72，80—82
百度 49
帮助页面 125，137
保护 86—87，104，116
备份 17，18
笔记本电脑 7，11，16，60，118，129
编码 94
标签 26
病毒 9，11，16，17，88
博客 49
不雅图片 89，108
抄袭 85，92
筹款 38
处理旧账号 53
触发警告 46
盗版 87，90
蒂姆·伯纳斯·李 20
电子邮件 16，17，58
定位服务 26
赌博 98，99
短信息 22，58，68
断网恐惧症 131
儿童淫秽色情信息 108
法律 81，85，86—89，98，101，104，136
反网络霸凌 68
犯罪行为 69，89，104，108，138
非法侵入 12
个人电脑 7
个人信息 22，33，34，37，58，116
跟踪骚扰 83
管理器 14，15

广告　32，86，105，130
好友请求　27，37
黑客入侵　118
获得许可　45
获取帮助　67，138
家庭作业　92，128
警示信号　115
举报　35，50，70，107，125，136，137
剧透警告　45
垃圾邮件　19
密码　10，13—15，18，36，60
剽窃　85
平板电脑（计算机）　7，11，16，60，118，129
屏蔽　35，68—70，137
青少年模式　101
求助热线　67，73，75，125，136，138
人肉搜索　71
色情报复　108
色情信息　101，107—109
杀毒软件　16—17，88
删帖　50
视频博主　94
数字足迹　50
双重验证　16，19
搜索引擎　49
同人小说　85，122
头像　39
万维网　20
网络霸凌　9，57—63，67，68—75，80—82，125—127，130，136，138
网络喷子　10，19，35，70—71

网络侵害　118，127，136，138
网络摄像头　118
微信　22，136
伪造身份　33
位置　26，37
文件　17，18，87
下载　16—17，86—89
线下见面　34，118
心理辅导老师　75，125
心理健康　31，46
性别歧视　39，70
性捕食者　114—120
虚假的　13，58
寻求帮助　73，75，99，119，123，124
移动硬盘　17
音乐　17，85，86，91，94
银行账户　11，19，24
淫秽物品　101，102，104
隐私设置　23，24，26，37，68，137
应用　15，16，22—23，26，35，58，69，95，96，137
用户名　22，70
游戏控制台　7
诱骗　114
预付卡　96
债务　99
账号　9，10，13—16，19，36，53，60，68
照片　17，18，22，26，28，30—31，38，41，45，49，50，55，62，108，110—111，118，131
证据　68—69，83，119
智能手机　7
种族主义　39，70